深空导航无线电测速技术及应用

Deep Space Navigation Radio Velocity Measurement
Technology and Applications

陈 略 平劲松 路伟涛 著

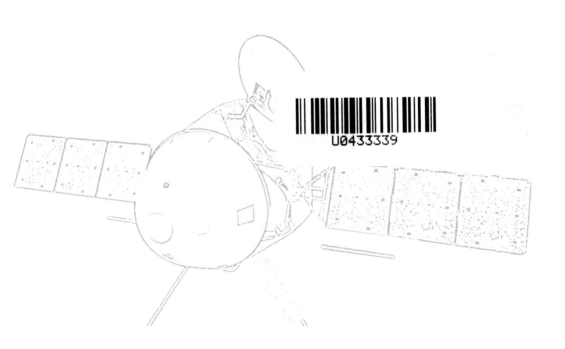

北京理工大学出版社
BEIJING INSTITUTE OF TECHNOLOGY PRESS

内容简介

本书介绍了深空无线电测速的基本原理、工程实用技术与行星大气科学应用，阐述了深空无线电测量信号处理的特点、信号多普勒测速的本质和深空无线电测速的应用价值。具体内容包括深空无线电开环/闭环测速理论方法、误差修正、开环测速方案设计、月球/火星/木星/土星探测器试验任务应用、行星大气反演理论方法、火星/土星大气反演应用和深空探测器飞行运动状态监测应用。

本书取材先进，实用性强，主要为从事航天器轨道测量、行星科学、态势感知的本专业科技人员和本方向的高校师生提供参考。

版权专有　侵权必究

图书在版编目（CIP）数据

深空导航无线电测速技术及应用 / 陈略，平劲松，路伟涛著. -- 北京：北京理工大学出版社，2024.11.
ISBN 978-7-5763-4596-4

Ⅰ. V249.32

中国国家版本馆 CIP 数据核字第 202443YQ14 号

责任编辑：陈莉华		**文案编辑**：陈莉华	
责任校对：周瑞红		**责任印制**：李志强	

出版发行 / 北京理工大学出版社有限责任公司
社　　址 / 北京市丰台区四合庄路 6 号
邮　　编 / 100070
电　　话 / （010）68944439（学术售后服务热线）
网　　址 / http://www.bitpress.com.cn

版 印 次 / 2024 年 11 月第 1 版第 1 次印刷
印　　刷 / 廊坊市印艺阁数字科技有限公司
开　　本 / 710 mm×1000 mm　1/16
印　　张 / 10.75
彩　　插 / 8
字　　数 / 188 千字
定　　价 / 68.00 元

图书出现印装质量问题，请拨打售后服务热线，负责调换

前言

深空探测作为人类探索宇宙、拓展和延伸人类文明、认知未知世界的重要手段，自 20 世纪中叶以来，一直代表着航天科技领域的最前沿，是大国航天活动的热点之一。随着技术的进步和对宇宙认知的渴望，深空探测活动已经从最初的金星、月球探测，扩展到了对火星、木星、土星乃至更远天体的探索。这些探测任务不仅极大地丰富了我们对太阳系的认识，也为人类提供了关于宇宙起源和演化的宝贵信息。

基于上述航天科技发展的背景，《深空导航无线电测速技术及应用》一书应运而生，旨在尝试系统地介绍深空探测中无线电测速技术的理论基础、技术发展、试验验证以及应用实践。作为深空探测领域的一项关键技术，无线电测速技术对于实现对深空探测器的高精度轨道测定、行星大气与重力场反演的无线电科学应用、深空探测器的飞行运动状态监测等功能至关重要。

本书共分八章，第 1 章绪论部分概述了深空探测的基本概念、无线电测速技术的发展现状以及深空探测任务中的无线电科学发展现状。第 2 章至第 8 章，分别从深空无线电闭环测速、开环测速、测速误差修正、试验应用、地外行星大气反演理论方法、行星大气反演应用，以及深空探测器飞行运动状态监测应用等方面，详细阐述了深空无线电测速基本原理、工程实际与科学应用。

在撰写本书的过程中，我们力求做到理论与实践相结合，在介绍了无线电测速技术的基本原理和方法基础上，通过列举许多试验验证和应用案例，展示该类技术在实际深空探测任务中的应用效果。书中还引用了最新研究成果，包括国内外在深空探测领域的最新进展，以及作者团队在相关领域的研究工作。

本书的读者对象主要是从事深空探测技术研究的科研人员、高等院校的教师和学生，以及对深空探测技术感兴趣的广大科技工作者。我们希望本书能够成为读者了解和掌握深空无线电测速技术的重要参考资料，同时也为我国乃至全球的深空探测事业做出贡献。

本书第 1 章、第 3 章（3.1 节、3.2 节、3.4 节）、第 5 章、第 6 章、第 7 章、第 8 章由陈略完成，思路设计、章节设计与内容审核由平劲松完成，第 2 章、第 3 章（3.3 节）、第 4 章由路伟涛完成，韩倩倩参与 6.3 节、7.2 节的撰写。在本书的编写过程中，我们得到了许多同行和专家的大力支持与帮助。在此，我们特别感谢北京航天飞行控制中心、西安卫星测控中心、中国科学院国家天文台、上海天文台、新疆天文台、上海市气象局等单位的专家和学者，他们提供了宝贵的资料和建议。刘敏、孔静、简念川提供了关于火星无线电掩星的资料，韩松涛、曹建峰、满海钧、王美、孙靖、任天鹏、周之金、张雨佳、刘少然、杨小锋、任聪、陈光明、王震、李文潇、张建辉、张雷、陈永强、岳世磊、汪筱阳、李春平、李欣宇等参与了联合测量试验，罗斌、孙军、乔宗涛、李海涛、谢剑锋、陈明、李翿、王娜、刘祥对本书的出版提供了建设性意见。同时，感谢出版社编辑团队，他们的专业编辑和校对工作，使本书的质量得到了保证。

鉴于作者水平有限，书中难免存在不足之处，我们诚恳地希望读者提出宝贵的意见和建议，给予批评与指正。

作　者

2024 年 11 月

缩略语中英文对照表

缩略语	英文全称	中文全称
ADPLL	All Digital Phase-Locked Loop	全数字锁相环
AG01	Argentina Deep Space Station	阿根廷深空站
BACC	Beijing Aerospace Control Center	北京航天飞行控制中心
BPSK	Binary Phase Shift Keying	二进制相移键控
Cassini	Cassini	卡西尼探测器
CE02	Chang'e-2	嫦娥二号
CE03	Chang'e-3	嫦娥三号
CE04	Chang'e-4	嫦娥四号
CE05	Chang'e-5	嫦娥五号
CE06	Chang'e-6	嫦娥六号
CDSN	Chinese Deep Space Network	中国深空网
CDSS	Chinese Deep Space Station	中国深空站
CME	Coronal Mass Ejection	日冕物质抛射
CNR	Carrier Noise Ratio	载噪比
CRLB	Cramér-Rao Lower Bound	克拉美-罗界
CVN	Chinese VLBI Network	中国VLBI网
CZT	Chirp Z-transform	线性调频Z变换
DFT	Discrete Fourier Transform	离散傅里叶变换
DOR	Differential One-way Ranging	差分单向测距
Delta-DOR	Delta Differential One-way Ranging	双差分单向测距
DSN	Deep Space Network	美国深空网
DSS	Deep Space Station	美国深空站
DZD	Dry Zenith Tropospheric Delay	干分量天顶延迟
DZW	Wet Zenith Tropospheric Delay	湿分量天顶延迟
EDL	Entry, Descent and Landing	再入、下降与着陆
EIRP	Effective Isotropic Radiated Power	等效全向辐射功率
ESA	European Space Agency	欧空局

续表

缩略语	英文全称	中文全称
Estrack	ESA's Tracking Station Network	欧空局深空网
EVN	European VLBI Network	欧洲 VLBI 网
ExoMars	Exobiology on Mars	火星外生物探测任务
FFT	Fast Fourier Transform	快速傅里叶变换
FLL	Frequency-Lock Loop	锁频环
FPGA	Field Programmable Gate Arrays	现场可编程门阵列
G/T	Gain-to-Temperature Ratio	增益温度比
IERS	International Earth Rotation and Reference Systems Service	国际地球自转与参考架服务组织
IMC	Interferometry Measurement Center	深空干涉测量任务中心
INMS	Ion and Neutral Mass Spectrometer	离子与中性质谱仪
JM01	Jiamusi Deep Space Station	佳木斯深空站
JPL	Jet Propulsion Laboratory	喷气推进试验室
Juno	Juno	朱诺探测器
KS01	Kashi Deep Space Station	喀什深空站
LaRa	Lander Radioscience Experiment	着陆器无线电科学试验
LF	Loop Filter	环路滤波器
LOS	Line of Sight	视向方向
MaRS	Mars Radio Science	火星快车无线电科学
MAVEN	Mars Atmosphere and Volatile Evolution: Nexus for Long-term Exploration	火星大气与易挥发物质演化任务
MEX	Mars Express	火星快车
MINPA	Mars Ion and Neutral Particle Analyzer	火星离子和中性粒子分析仪
MOP	Mars Orientation Parameters	火星定向参数
MGS	Mars Global Surveyor	火星全球勘测者
MRO	Mars Reconnaissance Orbiter	火星勘察轨道器
NASA	National Aeronautics and Space Administration	美国国家航空航天局
NMF	Niell Mapping Function	Niell 映射函数

续表

缩略语	英文全称	中文全称
ODY	Mars Odyssey Orbiter	火星奥德赛轨道器
OQPSK	Offset Quadrature Phase Shift Keying	偏置正交相移键控
ORACLE	Orbital Radio science and Altimetry for Climate Experiment	无线电科学与高度计气候试验
PD	Phase Detector	相位检测器
PDS	Planetary Data System	美国行星数据系统
PLL	Phase-Locked Loop	锁相环
PRIDE	Planetary Radio Interferometry and Doppler Experiment	行星无线电干涉测量与多普勒试验
PVO	Pioneer Venus Orbiter	先锋号金星轨道器
QPSK	Quadrature Phase Shift Keying	四相相移键控
RMSE	Root Mean Square Error	均方根误差
RO	Radio Occultation	无线电掩星
RS	Radio Science	无线电科学
RTLT	Round Trip Light Time	往返光行时
SEP	Sun-Earth-Probe	太阳-地球-探测器
SNR	Signal-to-Noise Ratio	信噪比
USO	Ultra Stable Oscillator	超稳定晶体振荡器
VCO	Voltage Controlled Oscillator	压控振荡器
VeRa	Venus Radio Science	金星快车无线电科学试验
VEX	Venus Express	金星快车
VLBA	Very Long Baseline Array	美国VLBI阵列
VLBI	Very Long Baseline Interferometry	甚长基线干涉测量
Voyager	Voyager	旅行者
VSI	VLBI Standard Interface	VLBI标准接口
VSR	VLBI Science Receiver	VLBI科学接收机
YH-1	Ying Huo-1	萤火一号

目 录
CONTENTS

第1章 绪论 ·· 001
  1.1 概述 ·· 001
  1.2 深空无线电测速技术发展现状 ··· 004
      1.2.1 深空无线电闭环测速技术与应用现状 ··································· 004
      1.2.2 深空无线电开环测速技术与应用现状 ··································· 006
  1.3 深空探测任务中的无线电科学发展现状 ···································· 009
      1.3.1 深空探测任务中的无线电科学定义 ······································ 009
      1.3.2 深空探测任务中的无线电科学发展现状 ······························· 009
      1.3.3 地外行星大气无线电探测发展现状 ······································ 013

第2章 深空无线电闭环测速 ··· 020
  2.1 深空闭环测速原理 ·· 020
      2.1.1 锁相环测速原理 ·· 020
      2.1.2 辅助锁相环方案设计 ··· 023
      2.1.3 辅助锁相环参数设置 ··· 027
      2.1.4 辅助锁相环方案分析 ··· 028
  2.2 深空闭环测速仿真验证 ··· 029
      2.2.1 频率相位估计概率仿真 ·· 029

2.2.2　频率辅助对锁相环锁定过程影响仿真 ················· 030
　　2.2.3　相位辅助对锁相环暂态响应影响仿真 ················· 031
2.3　深空闭环测速实测数据处理验证 ························· 034
2.4　本章小结 ··························· 035

第 3 章　深空无线电开环测速 ························· 036
3.1　深空开环测速原理 ························· 036
3.2　基于分段建模本地相关的深空开环测速方法 ················· 038
　　3.2.1　算法原理 ························· 038
　　3.2.2　软件实现 ························· 043
　　3.2.3　仿真验证 ························· 045
3.3　基于三点 CZT 谱的深空开环测速方法 ···················· 050
　　3.3.1　算法原理 ························· 051
　　3.3.2　仿真验证 ························· 053
3.4　瞬时与积分多普勒频率观测量比较 ······················ 057
3.5　本章小结 ··························· 058

第 4 章　深空无线电测速误差修正 ······················ 059
4.1　深空无线电测速误差因素分析 ······················ 059
4.2　深空无线电测速对流层延迟误差修正及验证 ················· 065
4.3　本章小结 ··························· 070

第 5 章　深空无线电测速试验应用 ······················ 071
5.1　深空开环测速观测试验方案设计 ······················ 071
　　5.1.1　深空探测器下行信号特性分析 ··················· 072
　　5.1.2　深空探测器下行信号传播链路分析 ················· 073
　　5.1.3　地面测站可观测性分析 ····················· 075
　　5.1.4　信号采集与开环测速处理分析 ··················· 077
5.2　月球探测器测速试验与分析 ······················ 078
5.3　火星探测器测速试验与分析 ······················ 081
　　5.3.1　火星快车测速试验 ······················ 081
　　5.3.2　中国"天问一号"开环测速试验 ··················· 091

5.4 木星探测器测速试验与分析 ………………………………… 093
5.5 土星探测器测速试验与分析 ………………………………… 098
5.6 深空测速独立定轨应用分析 ………………………………… 102
5.7 本章小结 …………………………………………………… 110

第 6 章 地外行星大气反演理论方法 ………………………………… 111
6.1 基于测轨技术的行星中性大气密度反演方法 ………………… 111
6.2 基于无线电掩星技术的行星中性大气密度反演方法 ………… 113
6.3 基于无线电掩星技术的行星电离层密度反演方法 …………… 116
6.4 本章小结 …………………………………………………… 119

第 7 章 地外行星大气反演应用 ……………………………………… 120
7.1 基于测轨的土星中性大气密度反演试验 ……………………… 120
7.2 火星无线电掩星应用试验 ……………………………………… 124
    7.2.1 火星无线电掩星观测试验 ……………………………… 124
    7.2.2 基于无线电掩星观测的火星中性大气反演试验 ……… 128
    7.2.3 基于无线电掩星观测的电离层电子密度反演试验 …… 134
7.3 本章小结 …………………………………………………… 138

第 8 章 深空探测器飞行运动状态监测应用 ………………………… 139
8.1 深空探测器巡航过程飞行运动状态监测应用 ………………… 139
8.2 深空探测器 EDL 过程飞行运动状态监测应用 ……………… 141
8.3 本章小结 …………………………………………………… 145

参考文献 ……………………………………………………………… 146

第1章
绪　　论

1.1　概　　述

深空探测是航天学、天文学和空间技术的一个交叉分支领域，通常指对地外天体及空间环境进行的探测活动。何谓"深空"，国际上有多种定义。国际电信联盟将"深空"定义为距地球表面 200 万千米以远的空间。我国通常认为月球及以远天体探测为深空探测。目前，人类的深空探测活动主要通过发射深空探测器予以实现。

深空探测器是用于探测地球以外天体与空间环境的航天器，通常用于执行深空某一特定探测任务，因而会携带相应的载荷设备。1959 年，苏联发射"月球 2 号"探测器，首次到达月球，标志着人类深空探测时代的开启。1969 年，美国"阿波罗 11 号"载人登月任务，实现了人类首次登陆地外天体。在行星和行星际探测方面，美国、欧盟、俄罗斯（包括苏联）、日本、印度、阿联酋等发射了众多深空探测器，对太阳系内多个天体及星际空间进行了探测。美国的"旅行者 1 号"与"旅行者 2 号"已成为恒星际探测器，截至 2024 年 11 月 20 日，"旅行者 1 号"距离地球约为 248 亿千米，对地通信速率为 40 bit/s，成为人类目前发射最远的深空探测器，"旅行者 2 号"距离地球约为 207 亿千米，对地通信速率为 160 bit/s。

我国深空探测任务以探月工程为牵引，已经完成探月工程"绕""落""回"三步走战略实施，目前我国正在实施探月四期工程。到目前为止，我国已成功实施了从"嫦娥一号"到"嫦娥六号"的多个探月工程任务，取得了众多突破性技术进展与成果。与此同时，我国首个地外行星探测器"天问一号"，于 2020 年 7 月成功发射，并于 2021 年 2 月进入火星轨道，开启了我国行星探测新征程，目前"天问一号"探测器正环绕火星开展相关科学探测。在我国的行星探测工程中，目前正在准备"天问二号""天问三号""天问四号"任务，其中"天问二号"将实现近地小行星2016HO3采样返回与小行星311P探测；"天问三号"将实现火星土壤采样返回；"天问四号"将实现木星系探测并飞越天王星。在月球探测方面，"嫦娥七号""嫦娥八号"将组成我国月球南极科研站基本型。在载人登月方面，我国计划在2030年前实现载人登陆月球并开展相关科学探索活动。

深空探测任务以科学目标和工程目标为牵引，可促进人类对太阳系及宇宙的探索与认知。深空探测任务实施离不开地面深空测控系统的支持。深空测控系统将实现深空探测器的高精度轨道测定、轨道控制、遥测、遥控及高速数传等功能，支持深空探测科学目标的实现。同时，基于深空测控系统的测定轨数据，可直接开展相关行星无线电科学研究，例如探测行星大气、重力场等。行星无线电科学研究属于行星科学范畴，深空探测与行星科学之间的关系为：互为牵引，相辅相成。

深空测控网是支持深空探测任务实施的核心系统，在深空探测任务中具有不可替代的重要地位和作用，中国深空测控网示意图如图1.1所示。

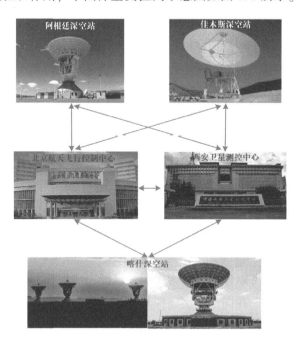

图1.1　中国深空测控网示意图（附彩插）

中国深空测控网用以支持我国探月工程、行星际探测等测控任务，目前，其包括3个深空站与2个任务中心，3个深空站分别是佳木斯深空站（66 m天线）、喀什深空站（4×35 m天线）、阿根廷深空站（35 m天线），2个深空操控任务中心分别是北京航天飞行控制中心（BACC）（深空主任务中心）、西安卫星测控中心（深空网管中心，深空备用任务中心），如图1.1所示。依托中国深空测控网，同步建成了深空测控干涉测量系统，在北京航天飞行控制中心同步建成了深空干涉测量任务中心，承担中国深空测控网信号处理中心职能，完成了多个月球与深空探测器干涉测量试验与任务。依托中国深空测控网资源与数据，可开展对国际深空探测器与我国深空探测器的测量与科学应用研究。

对深空探测器实现无线电跟踪测量是深空测控网的核心职能使命。深空探测任务中的无线电测量技术，包含无线电测距、测速与测角技术，用于实现高精度轨道测量，确保深空探测任务成功实施。无线电测速在深空探测器轨道测量中发挥着不可替代的重要作用。高精度测速在深空探测器环绕段的定轨任务中具有决定性作用，当深空探测器处于环绕段时，仅用高精度测速观测量即可满足深空探测器精密定轨的需求。不断提高深空探测器测速精度、可靠性与灵活性，一直是深空测控领域核心技术目标之一。

速度测量是实现深空探测器与地面测站相对运动测量的重要技术手段。在深空测控任务中，实现测速主要采用无线电多普勒测速法。测速对于深空探测器导航与行星无线电科学极其重要，通常通过从深空站接收到探测器下行信号中提取出的高精度多普勒频率予以实现。当探测器与地面测站存在无线电通信时，在绝大多数情况下，多普勒信息均能被有效测量，一方面用于监测探测器的微小运动，包括姿态变化、旋转和小加速度等，此外多普勒信息也用于校准星载推进器和确定太阳压力反射系数等；另一方面，多普勒信息最直接也最重要的用途在于确定探测器与测站的视向相对速度，用于轨道确定与科学研究。多普勒测量值与预测值的实时显示，还可用于深空探测器的关键飞行控制事件的监视。

按照无线电信号频率和相位的测量模式的不同，测速可分为闭环多普勒测速与开环多普勒测速，简称闭环测速与开环测速。本专著重点介绍深空多普勒测速问题，以期实现测量精度高、可靠性强、灵活性好的开环测速与闭环测速技术。与此同时，深空高精度测速结果也为相关行星无线电科学研究提供了优越的观测量输入，可基于对深空探测器的测速观测量开展行星大气反演、行星重力场等无线电科学研究。

1.2 深空无线电测速技术发展现状

1.2.1 深空无线电闭环测速技术与应用现状

深空无线电闭环测速属于闭环测量的范畴。所谓无线电闭环测量，即定义为：在无线电测量链路中，通过测站上行设备信号发射、上行空间链路传播、星上设备相干转发、下行空间链路传播、同一测站下行设备信号接收等构成一个闭合信号环路的测量过程。无线电闭环测速即是在闭环测量模式下完成的无线电测速。在国际上无线电闭环测速可通过锁相环（Phase-Locked Loop，PLL）和锁频环（Frequency-Lock Loop，FLL）实现，锁相环通过鉴相技术实现输出信号对输入信号的相位跟踪，锁频环通过鉴频技术实现频率捕获和跟踪。在深空测控领域，锁相环闭环测速更为广泛。比如，美国国家航空航天局（National Aeronautics and Space Administration，NASA）在木星重力场探测中采用数字锁相环提取残余载波相位实现多普勒的测量。

锁相环概念由法国工程师 De Bellescize 于 20 世纪 30 年代首次提出，并使用真空电子管实现了第一个锁相环。早期的锁相环完全由模拟电路组成，称为线性或模拟锁相环。随着 20 世纪集成电路技术的迅猛发展，锁相环理论和技术也不断得到完善，逐渐出现了模拟数字锁相环和全数字锁相环。

锁相环实质上是一个闭环负反馈系统，主要包括鉴相器（Phase Detector，PD）、环路滤波器（Loop Filter，LF）与压控振荡器（Voltage-Controlled Oscillator，VCO）等功能模块。锁相环的环路滤波器带宽与其跟踪精度成反比，但与其动态适应能力成正比，即环路滤波器带宽越大，跟踪精度越差，但动态适应能力越强。由于深空探测信号经过长距离的传输，信号频点会发生多普勒频移。为了达到高精度测量结果，锁相环必须具有较窄的环路带宽，深空探测信号的高动态性往往会超出锁相环的捕获带宽，使得环路失锁。为了适应深空探测信号的高动态性，锁相环必须具有较宽的环路带宽，但这样又会引入更多的噪声。针对锁相环跟踪精度与动态适应能力间的矛盾，辅助锁相环方案被提出，即在信号进入锁相环之前，先对信号进行频谱分析，获得频率引导信息，并将引导信息置入锁相环中的本振压控振荡器中，对锁相环参数（主要是中心频率）进行预设，使锁相环快速锁定并精确跟踪接收信号。常用的辅助锁相环方案主要有两种：FLL 和开环频率估计。基于开环频率估计辅助的锁相环工作流程如图 1.2 所示。

图 1.2 基于开环频率估计辅助的锁相环工作流程

2011 年，香港大学的 X. Chen 等人设计了一种拥有两种操作模式（频率锁定模式和相位锁定模式）的前馈补偿技术实现快速锁定的全数字锁相环（All Digital Phase-Locked Loop，ADPLL）。当 ADPLL 处于频率锁定模式时，可以利用前馈补偿算法完成频率的快速锁定。当 ADPLL 处于相位锁定模式时，可以完成相位的精确锁定，该方法实现了更快的数字锁相环锁定速度。美国深空网（DSN）在闭环跟踪时一般采用二阶或三阶锁相环，但要求下行信号的载噪比大于 10 dBHz，无法适应深空探测中更低载噪比场景。为此，设计了基于开环频率估计辅助的锁相环方案，最低载波比要求降低至 4 dBHz，并利用木星探测器朱诺号和冥王星探测器新视野号进行了试验，60 s 积分时测速精度达到了 0.021 mm/s@4.8 dBHz。

国内在辅助锁相环方面开展了大量理论研究。王俊等研究提出了一种基于 FLL 辅助的三阶 PLL，并分析了其误差性能，包括动态应力误差和热噪声误差。FLL 对 PLL 的辅助信号由两部分组成：低动态信号和 FLL 环路输出噪声。FLL 降低了接收信号的动态性，使 PLL 的动态应力误差基本为零，但是 FLL 的环路输出噪声也影响了 PLL 的热噪声误差性能。刘安邦等提出了采用离散傅里叶变换（Discrete Fourier Transform，DFT）频率估计辅助二阶锁相环的方法，避免了传统锁频环-锁相环联合算法锁定时间过长的问题。锁频结构牵引时间与输入信号的信噪比有关，低信噪比时不能满足短时间内对频率的粗估计。根据 DFT 频率分辨率进行的锁相环参数设计，没有进一步分析对锁相环性能的影响。胡东伟等设计了三阶锁相环用于动态遥测信号的接收，在动态性较高的情况下跟踪性能较好。潘曦等分析了三阶 PLL 环跟踪高动态信号时采用环路变带宽、环路增益等对跟踪性能的影响，并提出了变带宽技术，在每个环路更新周期内都进行缓慢变带宽，以减弱变带宽引起的误差。郑兴平等提出和实现了基于开环频率估计和 FLL 辅助三阶 PLL 的方案，采用点积和叉积类似鉴相的方法实现频率估计，有效降低了捕获时的多普勒频率误差，改善了环路的收敛速度。帅涛等针对大频偏和低信噪比条件下锁相环的设计进行了详细推导和分析，提出了两种基于锁频环的锁相环辅助策略：直接辅助和切换辅助。直接辅助策略就是将锁频环的输出结果叠加到锁相环的一次积分处，但由于锁频环在信噪比 7 dB 以下时，鉴频器平方损耗增大，会产生额外的相位噪声，不利于锁相环工作；切换辅助策略是在大频偏情况下，锁频环工作，对信号的动态性进行跟踪，然后通过一定的控制策略切换到锁相环工作。管云峰等提出采用频率估计和数据内插两种方法辅助锁相环跟踪，其中频率估计法的前提是频差比较小，以近似估计信号频率初始偏差；而数据内插算法的多普勒容限较大，但需要两个锁相环同时工作，增加了环路的复杂度。

综上，基于 FLL 辅助的锁相环方案虽然降低了锁相环输入信号的动态性，但也增加了锁相环的环路噪声，从而对跟踪精度造成了影响。基于 DFT 频率估计辅助的二阶锁相环方法根据 DFT 频率分辨率进行锁相环参数设计的思路（锁相环快捕带大于 DFT 频率分辨率），但是其频率估计性能受限于 DFT 频率分辨率。因此，FLL 辅助技术只是产生了一个近似同频零相位的信号，频率开环估计也仅是对信号频率进行估计，即这两种技术都仅对锁相环的中心频率进行导引，加快锁相环的锁定，而未关注锁相环相位动态对环路锁定的影响。如果采用频率相位估计算法，可进一步增强 PLL 的动态适应能力，缩短环路稳定时间，降低输入信号载噪比要求等。

1.2.2 深空无线电开环测速技术与应用现状

深空无线电开环测速属于开环测量的范畴。所谓无线电开环测量，即定义为：在无线电测量链路中，通过单向下行方式完成的测量过程；或者由测站上行设备信号发射、上行空间链路传播、星上设备相干转发、下行空间链路传播、测站下行设备信号接收等构成一个非闭合信号环路的测量过程。无线电开环测速即在开环测量模式下完成的无线电测速。

从国际上深空测控通信技术发展来看，测量模式经历了由闭环测量逐步发展为闭环与开环测量并用的过程。近年来更是随着各类时频技术与软件无线电技术的发展，开环测量模式在遥远深空探测任务中逐步成为主要测量模式之一。星载高稳定度原子钟，为单向深空开环测速提供了重要的频率基准条件。采用开环测速模式后，将极大简化对探测器的测控复杂性，简化了地面测站操作，降低了运行成本。例如，NASA 的朱诺（Juno）木星探测任务、卡西尼（Cassini）土星探测任务以及新视野号（New Horizons）冥王星探测任务，均使用了开环测速模式，对探测器进行高精度轨道测量，进而实现利用开环测速数据进行行星无线电科学研究。

国际上，专用深空跟踪测量系统，例如 NASA 深空网（Deep Space Network，DSN）、欧空局（European Space Agency，ESA）深空网（ESA's Tracking Station Network，Estrack）和中国深空网（Chinese Deep Space Network，CDSN），通常采用闭环测量模式获取实时多普勒观测量以执行深空探测器导航和无线电科学应用工作。在闭环测量模式下，高精度的多普勒观测量是通过闭环跟踪接收机的 PLL 方式予以提取。但是当探测器信号处于低信噪比与高动态频率变化范围，即测站接收到的探测器下行信号微弱或深空探测器运动变化剧烈时，将导致锁相环相位失锁，从而无法顺利完成对探测器的测速功能。特别地，在闭环测量模式下，一些频率的突变将引起锁相环的失锁，例如在行星大气掩星、行星环掩星等过程中，开环测量模式将是更优的选择。在开环测速模式下，深空探测器载波信号或侧音信号通过地面深空天线接收、下变频、数字化、采集与记录，被用于提取高精度的多普勒观测量。

国际上，已经有许多算法用于提取探测器与地面测站之间的开环多普勒频率，应用于深空导航与无线电科学研究。每一种开环信号处理算法均有自己独特的特点以适应不同或特殊的应用场景需求。在开环测速信号处理过程中，提高测量精度与测量可靠性将是一个永恒的话题。在开环测速领域，具有代表性的开环测速技术列举如下：在深空探测测控领域，几十年来已开发了开环测速技术，并予以应用，DSN 和 Estrack 在测站装备了开环测速接收设备以支持多项无线电科学（Radio Science，RS）试验与深空探测任务。

欧洲甚长基线干涉测量（Very Long Baseline Interferometry，VLBI）联合研究所（Joint Institute for VLBI in Europe，JIVE）开发了行星无线电干涉测量和多普勒试验软件（Planetary Radio Interferometry and Doppler Experiment，PRIDE），从 VLBI 原始信号中提取 VLBI 与开环测速观测量。PRIDE 已成功用于行星研究试验的不同领域，包括火星快车福布斯飞越试验、金星快车掩星试验等。PRIDE 使用多项式频率检测和数字 PLL 方法，其软件包含 3 个软件单元，分别是 SWSpec、SCtracker 和数字 PLL，软件里面用到 DFT、频率带宽滤波、PLL 技术，主要用来处理宽带的 VLBI 信号。美国喷气推进试验室（Jet Propulsion Laboratory，JPL）的 D. R. Buccino 利用 PLL 的开环测速方法进行了朱诺号的多普勒频率提取，精度为 12.9 mHz。朱诺号无线电科学试验采用了从开环记录模式中提取多普勒观测量，尤其是在探测器飞行于近木点附近，获取了相比 PLL 闭环测速方式更高精度的多普勒观测量,从而精确反演了木星重力场。

国内,上海天文台简念川开发了数字开环多普勒处理原型软件,并将其应用于中国的"嫦娥一号"探月工程任务。中国科学院国家天文台平劲松牵头进行了新视野号的开环多普勒跟踪。东南大学张天翼开发了基于硬件平台的实时、高精度频率估计系统,并应用在火星快车(Mars Express,MEX)与新视野(New Horizons)探测器的多普勒测量试验中。武汉大学贺庆宝利用相关处理频率估计方法实现了对 MEX、Juno 的多普勒频率提取。意大利博洛尼亚大学的 Andrea Togni 基于开环模式下的快速傅里叶变换(Fast Fourier Transform,FFT)算法与 PLL 技术实现低信噪比条件下的频率提取,并应用于 Juno 近木点测速试验,60 s 积分的测速标准差为 0.1 mm/s。上海天文台邓涛利用一种改进的 PLL 算法来实现对月球探测器再入、下降与着陆(Entry, Descent and Landing,EDL)过程中的频率估计,其中用到了开环频率提取以及一种改进的信号消噪方法来提高探测器信号估计精度。北京航天飞行控制中心、中科院国家天文台与新疆天文台联合团队利用自研开环测速软件,多次成功应用于深空探测器开环测速试验、工程任务以及科学研究中。

尽管在深空开环测速领域,国内外学者已经做了不少卓有成效的研究工作,但有些开环测速方法存在算法复杂、需要庞大计算量的局限性,有些需要专有的现场可编程门阵列(Field Programmable Gate Arrays,FPGA)等硬件设备支持,实现过程复杂,有些还是基于 PLL 技术予以实现频率提取,在低信噪比与高动态信号条件下,存在相位失锁风险。因此,进一步深入研究基于软件无线电方式,在通用计算平台上高效实现对深空探测器的开环测速信号处理,获取开环测速观测量,并进行误差修正,为深空探测器精密定轨与定位、行星无线电科学研究提供高精度测速观测量,将是本书重点介绍内容。

基于开环测速与闭环测速联合的观测量可进行形式多样、内容丰富的行星无线电科学应用研究。例如,地外行星重力场研究主要依靠测速观测量,行星大气观测与反演可通过高精度测速实现。此外,高精度测速可支持地外行星自转特性与内部结构研究,可支持行星环掩星研究,还可有望研究空间引力波探测等。

我国成功进行了首次火星探测任务,正式开启了地外行星探测之旅。我国建立了全球分布、功能完备的中国深空网,具备优良的地外天体探测器跟踪测量能力,具备自主获取原始测量数据能力。这些天地测控资源为我国基于深空开环测速的行星无线电科学试验与研究提供了条件保障。因此,基于中国深空网资源、基于我国及国外探测器无线电测控资源，以行星大气为切入点，探索开展有效的行星无线电科学研究具有重要意义。

1.3 深空探测任务中的无线电科学发展现状

1.3.1 深空探测任务中的无线电科学定义

深空探测任务中的无线电科学（Radio Science，RS）的基础定义：利用探测器和地面测站之间或两个或多个探测器之间的无线电链路，来精确检测无线电信号相位、频率、幅度、极化、往返光行时等变化，用以研究天体大气、电离层、天体环、环面、结构以及天体（行星、卫星、小行星和彗星）表面、形状、引力场、磁场、历表和动力学特性。除了行星科学应用之外，一方面，RS 的工具和技术还应用于包括太阳风、日冕、磁场等研究，以及包括广义相对论、引力波、引力红移等在内的基础物理学验证；另一方面，无线电科学的技术在监测低信噪比、高动态条件下的探测器关键任务机动和探测器紧急工况判断监视等方面能发挥重要作用。

广义层面上，深空探测任务中的 RS 是利用传播的电磁波来探索宇宙。RS 观测可以是被动的，如对自然产生的发射的观测；也可以是主动的，如人工信号的观测。在行星探测任务中，RS 一词已被普遍使用了五十多年，以描述深空探测器无线电信号的科学利用，而不是自然天体无线电发射。RS 领域与其他科学的不同之处在于其定义的方法而不是研究对象。

1.3.2 深空探测任务中的无线电科学发展现状

行星无线电科学属于行星科学范畴。在过去的半个多世纪里，在广泛的国际合作下，几乎所有的深空探测任务均进行了 RS 试验与研究，十分经典的 RS 应用精选实例包括：①火星表面压力的初步估计；②土星和天王星环的结构、颗粒度分布的测定；③首次测量泰坦和海卫一的表面压力；④首次探测到泰坦和海卫一的电离层；⑤测量木卫一艾奥（Io）等离子环面电子柱密度分布；⑥月球质量瘤的发现；⑦木星、土星、天王星、海王星、泰坦、海卫一、火星、金星和月球的质量确定和整体成分建模；⑧月球、火星和金星的高分辨率引力场；⑨哈雷彗星和格里格-斯凯勒鲁普彗星彗尾中的拖曳减速测量；⑩模拟大尺度日冕结构、流光和空穴中的电子密度；⑪远离太阳的日冕物质抛射加速的第一个证据。在未来几十年中，RS 将继续成为太阳系探索的重要工具。RS 仪器和校准技术的最新技术发展，将推进实现新的科学进步，例如，对于行星大气掩星和表面散射的研究，可通过研制先进的上行掩星仪器来克服信噪比（Signal-to-Noise Ratio，SNR）限制，又可通过同一行星轨道上探测器之间的无线电链路，来提高对行星大气研究的全球覆盖性。

国际上，行星 RS 研究以美国、欧洲为代表，走在了行星 RS 研究最前列，这源于美国与欧洲在过去几十年的太阳系探测任务中，发射了几十个深空探测器，开展了广泛而深入的 RS 试验与研究。全世界的科学家基于这些深空探测任务数据，开展了相关行星 RS 研究工作。下面重点介绍美国与欧洲的 RS 研究情况。

1. 美国行星无线电科学现状

美国航空航天局喷气推进试验室的卡西尼（Cassini）任务是美国行星探测任务典范之作，通过搭载 RS 载荷，天地协调开展了众多 RS 试验，取得了丰硕科学成果。Cassini 的 RS 试验是在其巡航和环绕土星飞行期间进行的，进行了以下科学研究：

（1）在 Cassini 巡航阶段，开展了引力波和联合试验（包括广义相对论的新测试、日冕研究）；

（2）在 Cassini 环绕土星飞行阶段，开展了大气和电离层掩星、环掩星、质量和重力场测定等试验。

Cassini 的 RS 研究由两部分的新技术仪器设备联合获取数据，一部分是探测器上的 RS 载荷（即应答式接收机），另一部分是地面测量系统。Cassini 任务的 RS 试验与研究使用了 S/X/Ka 3 个频段的信号。Cassini 任务中 X/Ka 信号的使用，使得测量精度、分辨率、灵敏度和动态性均得到提高，为上述行星 RS 领域的重要发现提供了重要机会。JPL 在行星数据系统（Planetary Data System，PDS）中公布了 Cassini 任务的 RS 数据，并编写了专门的 Cassini 无线电科学用户手册，以便全世界科学家与研究者均可利用其 RS 数据从事土星系统相关的科学研究。

NASA 科学家解算出了火星静态重力场的 120 阶 GMM-3 的球谐解，该结果是基于 DSN 获取的多个火星探测器测量数据予以解算，这些火星探测器的测量数据具体包括：火星侦察轨道器（Mars Reconnaissance Orbiter，MRO）、火星全球勘测者（Mars Global Surveyor，MGS）、火星奥德赛（Odyssey，ODY）等无线电测量数据。

美国科学家通过 NASA 的朱诺号木星探测器 RS 试验，获取了 X/Ka 频段的高精度多普勒观测量，成功反演了木星的重力场、旋转和角动量。美国科学家基于 NASA 的"水手 10 号"探测器获取的无线电测量数据研究了水星大气，基于先锋号轨道器测量数据建立了金星大气模型，基于"旅行者 2 号"探测器开展了天王星与海王星大气掩星试验等。

多普勒测速是支撑无线电科学研究最重要的观测量。JPL 专门研制了无线电科学接收机，该接收机具备以下特点：①独立于跟踪和遥测接收机；②采用开环数字下变频技术；③具有无锁定、无跟踪的特点；④通过以预选带宽/采样率进行信号的采集与记录；⑤通过频率预置文件进行谐波解调；⑥科学家和工程师均可熟练操作。

JPL 研究指出，RS 研究的测量精度取决于以下因素：无线电频带选择、星上与地面信号频率/相位稳定性、信号强度（信噪比）、电子元器件幅度稳定性、天线指向精度、传播介质影响、非重力影响、重建轨道准确性等。

JPL 的 S. W. Asmar 等人研究指出，应用于 RS 研究的主要测量误差有以下 3 类：

（1）仪器误差。具体包括：①由地面或探测器引入的随机误差；②与有限信噪比相关的相位波动；③由地面和探测器电子设备引起的噪声；④探测器或地面测站的未建模体运动噪声；⑤频率标准噪声；⑥下行链路参考的航天器振荡器噪声；⑦天线机械噪声。

（2）传播介质误差。具体包括：①由无线电波相位闪烁引起的沿视线方向的折射率波动，进而引起的随机频率/相位波动；②对流层误差；③电离层误差；④行星际等离子误差。

（3）系统误差。在此基础上，S. W. Asmar 等人进一步系统分析了精确 RS 观测中的多普勒测量噪声预算与精度，分别分析了测量仪器噪声（地面时频系统噪声、天线热噪声、地面设备噪声、星载设备转发器噪声、探测器姿态抖动噪声）、传播介质噪声（对流层噪声、电离层噪声、等离子体相位闪烁噪声），建立了一套多普勒测量噪声预算估计方法，为深空探测器多普勒测量提供了重要参考，有效应用于多项行星 RS 研究中。

2. 欧洲行星无线电科学现状

金星快车（Venus Express，VEX）无线电科学试验（Venus Radio Science，VeRa）使用波长为 3.6 cm 和 13 cm（对应 X 和 S 频段）的无线电信号来研究金

星表面、中性大气、电离层和重力场,以及行星际介质。金星快车探测器超稳定振荡器(Ultra Stable Oscillator,USO)提供了高质量星载参考频率源,地球上的测站设备用于记录接收 VEX 信号的幅度、相位、传播时间和极化。VeRa 在地球掩星期间使用无线电信号探测了金星的大气和电离层,用双基地雷达探测金星表面,测量金星中心附近的重力异常,并研究太阳的结构和动力学电晕。通过 VeRa 试验,成功反演了在 40~90 km 的高度范围内中间层的金星大气剖面和对流层,并观测到了金星大气中的硫酸蒸气和二氧化硫。

ESA 的 MEX 探测器自 2004 年年初开始在火星轨道上运行。MEX 无线电科学试验(Mars Radio Science,MaRS)采用探测器和地面测站无线电测量系统,进行了以下 RS 研究:

(1) 进行大气和电离层的无线电掩星试验,获得温度、压力的垂直剖面,以及中性数值密度和电子密度;

(2) 进行双基地雷达试验,获得有关表面介电和散射特性的信息;

(3) 研究选定目标区域的地壳和岩石圈的结构和变化;

(4) 确定卫星火卫一的质量、体积和内部结构;

(5) 在太阳交汇期间跟踪 MEX 无线电信号以研究日冕物质抛射(Coronal Mass Ejection,CME)的形态。

MaRS 还应用于低层阳面电离层探测研究。

ESA 开发了通用开环接收机用于行星 RS 研究和双差分单向测距(Delta Differential One-way Ranging,Delta-DOR)导航支持。比利时皇家天文台多项研究表明,通过火星着陆器到地面测站的多普勒测量方式能有效监测与解算火星定向参数(Mars Orientation Parameters,MOP),与此同时,该天文台成功研制了专门用于 MOP 监测用的火星着陆器无线电科学试验载荷(Lander Radioscience Experiment,LaRa),计划在 ESA 的火星外生物(Exobiology on Mars,ExoMars)着陆器任务中使用。意大利罗马大学提出了火星轨道无线电科学与高度计气候试验(Orbital Radio Science and Altimetry for CLimate Experiment,ORACLE)未来任务,全称为轨道器无线电科学与测高的火星气候试验,将用于研究火星的气候、表面与内部结构。

3. 中国行星无线电科学现状

中国在行星无线电科学领域的发展主要体现在两个方面:一方面,基于自主探测器测量数据开展地外行星相关科学研究;另一方面,基于国际公开的深空探测器测量数据开展相关方法与应用研究。

"天问一号"是中国首个成功实施的地外行星探测任务，借助"天问一号"测控资源，国内相关学者开展了火星无线电科学研究工作。北京航天飞行控制中心刘山洪等利用两个月的"天问一号"的测距与测速数据反演了 8 阶自主火星重力场模型；探月与航天工程中心张荣桥等利用"天问一号"自主测量数据实现了火星 10 阶重力场反演。北京航天飞行控制中心陈略、上海气象局刘敏、国家空间中心胡雄等多次开展了基于"天问一号"的地-火无线电掩星试验并成功自主反演火星中性大气密度与电离层电子密度。上海天文台马茂莉等利用"天问一号"日凌期间的下行信号开展了太阳风等离子体研究。从总体来看，目前国内学者基于"天问一号"无线电测量数据进行火星无线电科学研究尚处于起步阶段。

在基于国际公开数据进行地外行星无线电科学研究方面，国内学者开展了众多研究工作。上海天文台简念川等利用欧空局火星快车 2013 年飞越火星卫星福布斯的视向测量数据，反演了福布斯的重力场。上海天文台张素君等利用国内 VLBI 天线在 2011—2012 年观测到的金星快车测量数据，并结合 2006—2008 年欧空局深空天线对金星快车的测量数据，反演了金星电离层电子剖面密度。M. J. Yao 等利用美国火星大气与易挥发物质演化任务（Mars Atmosphere and Volatile Evolution: Nexus for Long-term Exploration, MAVEN）的无线电掩星数据研究了火星电离层的结构变异性。J. Y. Wang 等利用火星快车测量数据，反演了大约 640 个 2004 年 4 月至 2015 年 4 月间火星电离层电子密度剖面。J. F. Qin 等利用 MGS 探测器的无线电科学试验数据反演了火星中性大气密度，用以校正火星的新大气模型。上海天文台秦松鹤等利用美国 Juno 探测器测量数据，反演了 8 阶木星重力场。北京航天飞行控制中心陈略等利用中国深空站对美国 Cassini 探测器坠入土星过程的观测数据，反演了土星中性大气密度。澳门科技大学 D. D. Ni 利用 Cassini 无线电测量确定的土星重力场，对土星的内部结构和组成进行了建模。

1.3.3 地外行星大气无线电探测发展现状

地外行星大气探测是深空探测任务重要的科学目标，是行星无线电科学重要应用方向之一。地外行星大气探测主要分为地外行星中性大气探测与电离层探测，探测手段可分为遥感探测与就位探测等，本节主要介绍基于深空探测任务的地外行星大气无线电探测发展现状，重点介绍基于无线电测量手段的地外行星大气探测进展情况。

1. 地外行星中性大气探测进展

本书提及的地外行星特指太阳系内除地球之外的七大行星，具体包含水星、金星、火星、木星、土星、天王星与海王星。地外行星的大气探测研究属于行星科学研究范畴。从本质上讲，行星大气是由各种中性分子及其电离气体组成的，中性气体（通常称为中性大气）是探测器大气阻力效应的主体，将直接影响深空探测器轨道测定精度，因此这里重点关注地外行星的中性大气研究。

对地外行星中性大气探测，大致可以分为两类探测手段，一是以遥感探测方式，包含光学遥感探测与无线电掩星探测；二是通过就位探测方式，包含就位载荷探测与就位轨道反演探测。

在光学遥感探测中，主要通过紫外与红外光谱仪探测方式，非常适用于探测中性大气具体成分。

无线电掩星遥感探测是地外行星中性大气探测的重要手段，无线电掩星探测属于 RS 研究范畴，可以反演地外行星的中性大气密度、温度与压力。无线电掩星主要用于探测地外行星低层大气特性。

就位载荷探测即是通过探测器搭载特定大气探测载荷，对行星大气的成分、密度、结构等进行直接探测，例如美国 Cassini 搭载的离子和中性质谱仪（Ion and Neutral Mass Spectrometer，INMS），又如中国"天问一号"探测器搭载的火星离子和中性粒子分析仪（Mars Ion and Neutral Particle Analyzer，MINPA）等，这些专业探测载荷通过实际就位采样分析中性大气的成分、密度等特性。

就位轨道反演利用行星大气对探测器飞行运行的阻尼性质，通过就位测定探测器轨道，在消除行星重力场、其他大天体引力影响及观测误差等基础上，通过行星大气对探测器飞行运动的轨道动力学影响，可反演行星大气的平均密度。

下面分别简要介绍太阳系内除地球之外七大行星典型中性大气探测的情况，具体如下。

（1）水星：H. T. Howard 等人利用美国"水手 10 号"探测器在 1974 年的无线电测量数据，通过数据分析推测得出水星的表面压力上限为 10^{-8} mbar[①]，但文章结论是没有发现大气或电离层的最直接证据，在 1976 年，A. L. Broadfoot 等人利用"水手 10 号"的紫外光谱仪发现了在水星大气中存在氦与氢。在 1985 年，A. Potter 等人通过光谱方法在水星大气中发现了钠，并推断钠是水星大气最

---

① 1 bar = 10^5 Pa。

主要的成分，在 1986 年，A. E. Potte 等人同样通过光谱方法在水星大气中发现了钾。ESA 与 JAXA 合作正在实施的 BepiColombo 水星探测器于 2018 年发射，该任务也计划对水星大气进行探测。

（2）金星：从空间探测金星大气的研究工作始于 20 世纪 60 年代初。美国和苏联的许多探测器飞越任务、金星轨道器、金星着陆器、金星气球等在地基观测的协助下，在接下来的几十年内对金星大气进行了大量试验与研究。先锋号金星轨道器（Pioneer Venus Orbiter，PVO）在 1978 年与 1992 年间对金星大气进行了卓有成效的探测。1985 年，以 PVO 和水手号（Mariner）等相关探测器返回的大量数据为基础，建立了金星国际参考大气模型（VIRA）。

无线电掩星是开展金星大气研究重要的技术手段，第 1 次的金星无线电掩星是 1967 年的美国"水手 5 号"探测器，后来美国"水手 10 号"探测器，苏联的 Venera9、Venera10、Venera15、Venera16 探测器，美国的麦哲伦（Magellan）号探测器对金星大气均进行了多次无线电掩星试验，对金星大气进行了有效探测。后来，ESA 的 VEX 探测器于 2006 年进入金星轨道，VEX 搭载了专门的无线电科学载荷 VeRa，VeRa 能发射 S 频段与 X 频段信号（波长分别为 3.6 cm 和 13 cm），专门用于开展对金星表面、大气与电离层探测。VEX 在 2006 年至 2014 年期间，通过无线电掩星试验获得了超过 900 个金星中性大气剖面，对金星中性大气的分布进行了全面反演，在金星大气探测方面取得了丰硕的探测成果。

（3）火星：对于火星中性大气的研究也是地外行星国际上的关注重点。早期在 20 世纪 70 年代，美国维京号（Viking）轨道器、"水手 9 号"轨道器均通过无线电掩星方式对火星中性大气进行了探测，后来 20 世纪 90 年代，美国 MGS 轨道器在火星大气无线电掩星方面相比维京号、"水手 9 号"性能上有了很大提高，原因是 MGS 轨道器上搭载了高稳晶振，在其对火星入掩与出掩过程中有效反演获得了中性大气剖面图。ESA 的 MEX 自 2004 年年初在火星轨道上运行，其无线电科学试验载荷 MaRS 采用探测器与地面无线电通信系统，进行了大量火星中性大气的无线电掩星试验，获得了火星大气的温度、压力垂直剖面和中性大气数值密度，取得丰硕科学成果。我国首次火星探测任务的"天问一号"探测器于 2021 年进入环火轨道，也具备开展火星中性大气与电离层无线电掩星试验条件，于 2021 年 8 月，北京航天飞行控制中心首次成功开展了基于"天问一号"的火星大气无线电掩星观测试验，并在后续连续开展了系列无线电掩星观测试验，为火星中性大气反演提供了数据支持。

(4) 木星：木星本身是一个气态巨行星，以 Juno 为代表的深空探测任务对其大气进行了深入探测。R. S. Giles 等人使用 Juno 航天器上的紫外光谱仪在木星的大气层中检测到 11 次瞬时明亮闪光，并显示了这些明亮闪光位置的典型区域云特征。R. S. Giles 讨论了地基超大望远镜-低温高分辨率红外阶梯光谱仪的观测，使用红外望远镜设施获取 NASA 红外阵列相机图像，这些观测图像揭示了木星高程大气的非极光热层内约 200 K 的小规模局部冷却现象。

(5) 土星：美国 Cassini 土星探测器为土星大气研究提供了丰富的科学探测数据资源，在 Cassini 飞行任务中，Cassini 多次穿越土星大气，尤其是在 Cassini 最后的大结局（Grand Finale）飞行阶段，就位探测了土星中性大气。Cassini 任务对于土星大气探测既有专业科学载荷 INMS 支持，又有 RS 载荷进行无线电掩星与轨道反演大气特性支持，其在土星中性大气成分、结构、密度、温度、压力等方面均获得了突出成果。

(6) 天王星：在"旅行者 2 号"（Voyager 2）被天王星掩星期间，来自探测器的无线电链路在南纬 2°~7° 的纬度范围内探测了行星的大气层。在两个相干相关波长，即 13 cm（S 波段）和 3.6 cm（X 波段）的吸收谱线上，并没有找到相应特征，然而，在无线电链路上观察到的多普勒频率扰动提供了关于行星赤道半径和大气的新数据，G. F. Lindal 等人通过多普勒数据的积分反演，确定了电离层电子数密度的高度分布、对流层和平流层的气体折射率、数值密度、压力、温度和甲烷丰度。F. Herbert 分析了"旅行者 2 号"紫外光谱仪对天王星上层大气的掩星观测，该观测测量范围从 0.5 mbar 扩展到约 10^{-6} μbar。

(7) 海王星：Voyager 2 被海王星掩星期间获得的无线电跟踪数据，被用于研究海王星对流层和平流层的热结构和成分。此次掩星开始于北纬 62° 附近，并结束于南纬 45° 附近。无线电掩星数据覆盖约 250 km 的高度区间。与红外观测的比较表明，在 100 mbar 水平附近观测到的对流层顶气体由 77%~85% 的氢组成，其余部分主要是氦。在对流层顶以下约 50 km 处检测到的具有较小折射率标度高度的层可能是一个区域，其中 CH_4 混合比因冷凝效应而随高度增加而降低。

2. 地外行星电离层探测进展

目前已有的多种行星电离层探测技术大致可分为直接测量和遥感测量两种，直接测量是指利用深空探测器将探测仪器携带到电离层中，测量电离层介质对仪器的直接作用,以获得电离层特性(如离子成分、离子密度、离子温度和高空磁场等)的方法。根据测量的对象和目的,探测仪器主要有郎缪探针、磁力计、质谱仪、电场测量仪和能量粒子计数器等。与间接测量相比,直接测量方法的测量精度高,有较高的空间分辨率,可以探测较精细的电离层结构。同时直接测量也具有造价高、观测受限等缺点。遥感测量方法则不需要将探测仪器携带到电离层中。在遥感测量中,探测仪器接收穿过待测目标介质的无线电信号,根据信号特征的变化,反演获得待测介质的特征。如果探测仪器接收的无线电信号是人为向介质发射的,例如雷达探测和卫星信标探测,称为主动遥测。若这些无线电信号来自自然界,例如太阳活动、极光、地震等,则称为被动遥测。

利用无线电科学探测行星电离层是遥感探测中的一种重要方法,按照探测原理的不同大致可以分为:利用穿过电离层的卫星信标信号进行透射探测,如掩星观测;利用电离层对无线电信号的散射现象进行探测的各种雷达,如相干散射雷达和非相干散射雷达;利用电离层对无线电信号的反射现象进行探测的电离层垂测仪和斜向探测仪器。在众多的无线电探测方法中,无线电掩星探测是行星电离层探测的重要手段。

针对火星电离层探测最具代表性。

火星电离层高度剖面的形成与电离源的性质、电离复合过程及动力输运过程等有关,因此火星电离层的垂直结构是理解火星电离层的形成及其主要控制过程的关键所在。

火星上层电离层的第一手资料来源于"水手4号"的无线电探测技术。在"水手4号"之后,"水手6号""水手7号"和"水手9号",以及"火星2号"和"火星3号"都提供了火星上层电离层的无线电掩星资料,都观测到一个日间电离层,但并未观测到夜间电离层。1965年"水手4号"处于太阳活动极小年,1969年"水手6号"和"水手7号"处于太阳活动极大年。能观测到明显的太阳活动效应,即太阳活动水平高时电离浓度大。"水手9号"探测的所有剖面显示,火星上层电离层的平均等离子体标高是38.4 km。"水手7号"和"海盗1号""海盗2号"探测的日间峰值高度、峰值密度随太阳天顶角的变化,均符合查普曼(Chapman)理论。

维京着陆器通过无线电测量支持的就位探测方式,对火星电离层电子密度进行了多次探测,表明火星电离层的垂直结构既包含80~200 km高度的光化学控制区，也包含 200 km 以上的传输控制区。

欧空局的 MEX 是迄今为止通过火星无线电掩星观测对火星大气参数反演最为经典的深空探测器，取得了众多无线电科学成果。MEX 搭载了 MaRS 载荷，有效跟踪测量了火星电离层在白天、季节和太阳周期的演变，并且记录了流星撞击引起的电离层奇特特征以及火星电离层 M1 层以下的额外电离现象。根据实际观测条件，开发了火星电离层的 MaRS 模型，以验证电离层高度的背景中性大气模型。MEX 同时实现了基于单 X 波段频率与相干的双频差分多普勒下的电离层反演，获得了清晰的火星电离层电子密度分布特征图，并能显著区分出电子密度分布特征中的火星探测器引入的特征与无线电信号通过扰动等离子体引入的特征。

MGS 观测显示，火星电离层主峰即 M1 层峰值结构通常存在，次峰 M2 层峰值结构常呈"凸起"结构，有时呈明显的峰值结构。MEX 数据显示，火星 M1 层出现在约 135 km，M2 层出现在约 112 km。MGS 的无线电掩星数据表明，M2 层和 M1 层的峰值密度存在太阳天顶角变化，峰值密度和峰值高度存在日变化。MEX 无线电掩星数据发现，在 80~100 km 存在一个流星层，MGS 无线电掩星数据证实了这一分层的存在。P. Withers 等人，使用 MEX 数据发现南半球有 1% 的电离浓度剖面可以延伸到 650 km 高度，还发现剖面中单标高、双标高和三标高的结构分别占 10%、25% 和 10%。这些观测表明，M1 层和通常意义上的 Chapman 形状不同，给火星电离层化学、动力学、热力学特性的理解以及数值模型的建立带来了新的挑战。MGS 和 MEX 的无线电掩星剖面中，依然没有观测到明显的电离层顶结构。MAVEN 也进行了掩星电离层的观测，反演出了电离层电子密度廓线。

2011 年 11 月 8 日，中国第一颗火星探测器"萤火一号"（Ying Huo-1，YH-1）与俄罗斯福布斯-土壤（Phobos-Grunt）任务的采样返回探测器一起发射升空，后来 Phobos-Grunt 变轨失败，导致了该任务的结束。YH-1 的重要科学任务之一就是通过星-星和星-地掩星测量，对火星的大气和电离层（尤其是火星赤道区域）进行深入的研究。星-星掩星探测由空间科学与应用研究中心承担。孙越强等人介绍了 YH-1 采用的星-星掩星观测的原理背景、掩星接收机的指标以及地面测试结果。胡雄等人采用三维射线跟踪方法对火星电离层掩星事件进行了模拟计算，并利用模拟的掩星观测数据进行了电子密度廓线的反演。星-地掩星观测由上海天文台承担，他们开发了行星无线电掩星观测资料处理系统，并利用

MEX 的 RS 掩星电离层观测数据验证了软件系统的可靠性。尽管 YH-1 未能成功实施，中国也在加快深空站的建设，以提高对火星探测器的测控能力，为中国后续天问系列的独立火星和其他行星的探测做准备。

  2022 年国内胡雄等人使用"天问一号"入掩单向测量数据反演火星中性大气和电离层；2023 年刘敏、2024 年陈略利用"天问一号"的入掩与出掩过程的单向、双向、三向开环测量数据，成功反演了火星中性大气密度与火星电离层。这些研究成果表明，我国已具备了行星大气/电离层无线电掩星自主探测能力。

第 2 章
深空无线电闭环测速

2.1 深空闭环测速原理

2.1.1 锁相环测速原理

锁相环技术作为闭环测速核心技术，广泛应用于国内外深空探测系统的基带测速设备。下面介绍 PLL 技术原理及其在闭环测速中的应用。

R. E. Best 博士在著名的《锁相环设计、仿真与应用》一书中定义：PLL 是一种使特定系统与另一个系统进行跟踪的电路。更准确地说，PLL 是一种使输出信号（由振荡器产生）的频率和相位与参考信号即输入信号同步的电路。在同步（通常称为"锁定"）状态下，振荡器的输出信号和参考信号的相位差为零，或保持不变。

在 PLL 控制回路中，通过振荡器的控制机制，使得输出信号与参考信号在相位上保持同步，实现相位锁定。为了说明 PLL 原理，其框图如图 2.1 所示。PLL 包含 3 个基本模块，分别是压控振荡器（VCO）、相位检测器（PD，又名鉴相器）、环路滤波器（LF）。

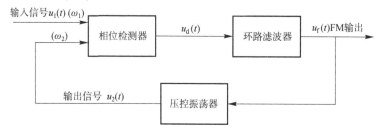

图 2.1 锁相环原理框图

PLL 电路中的信号定义如下：

$u_1(t)$：参考信号（或者叫输入信号）；ω_1：参考信号的角频率；$u_2(t)$：VCO 的输出信号；ω_2：VCO 的输出信号的角频率；$u_d(t)$：相位检测器的输出信号；$u_f(t)$：环路滤波器的输出信号；θ_e：相位误差，定义为输入信号 $u_1(t)$ 与输出信号 $u_2(t)$ 的相位差。在图 2.1 中，VCO 的工作振荡角频率为 ω_2，这个角频率由环路滤波器输出信号 $u_f(t)$ 作为输入决定。角频率 ω_2 由下式给出：

$$\omega_2(t) = \omega_0 + K_0 u_f(t) \tag{2.1}$$

式中，ω_0 为 VCO 的中心频率；K_0 为 VCO 增益，其单位为 Hz/V。

式（2.1）的图形化表示如图 2.2 所示，在式（2.1）中，角度的单位采用弧度（rad）制。

相位检测器是一个相位比较器，用于比较输入信号与 VCO 输出信号的相位，同时产生一个输出信号 $u_d(t)$。输出信号 $u_d(t)$ 的相位正比于相位误差 θ_e，即

$$u_d(t) = K_d \theta_e \tag{2.2}$$

式中，K_d 表示相位检测器的增益，其单位为 red/V。

相位检测器的输出信号 $u_d(t)$ 中包含一个直流（DC）分量与一个叠加的交流（AC）分量，而 AC 分量不是所需要的，因此，AC 分量

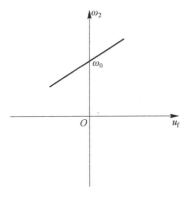

图 2.2 VCO 的传递函数

将通过环路滤波器进行消除。在环路滤波器中，通常利用一阶低通滤波器。PLL 的三部分是协调工作的，其工作原理如下。

首先，假设输入信号 $u_1(t)$ 的角频率等于中心频率 ω_0。此时，VCO 工作于中心频率 ω_0，因此，我们能得到此时相位误差 θ_e 等于零。如果 θ_e 等于零，相位检测器的输出信号 $u_d(t)$ 也必须等于零。结果，环路滤波器的输出信号 u_f 将等于零。这是 VCO 工作在其中心频率的条件。

如果相位误差 θ_e 在初始条件下等于零，相位检测器将产生一个非零的输出信号 u_d。经过一段延迟后，环路滤波器将产生一个有限信号 u_f，这将引起 VCO 改变其工作频率来达到相位误差 θ_e 消除的目的。

现在假设输入信号的频率突然在 t_0 时刻发生了改变，其角频率变化量为 $\Delta \omega$，如图 2.3 所示，输入信号的相位将引导 VCO 输出信号的相位。相位误差将产生

并随着时间不断增大。相位检测器产生了信号 $u_d(t)$，也将随着时间增加。环路滤波器经过延迟，$u_f(t)$ 将增大，这将引起 VCO 增加其工作频率，从而减小相位误差，随后 VCO 会振荡产生一个与参考信号相等的频率，经过环路滤波后，使得相位误差减小到满足指标的有限值。

此时，VCO 的工作频率超过其初始中心频率 ω_0，这将使得信号 $u_f(t)$ 设置在一个最终值 $u_f(t) = \dfrac{\Delta \omega}{K_0}$。如果输入信号的中心频率被任意低频信号调频，则环路滤波器的输出信号就是解调信号。这就是 PLL 锁相环的工作原理。

如图 2.3 所示，PLL 始终能够使得输出信号的相位与参考信号的相位保持跟踪，一直处于锁定状态。然而，情况并非一定如此，因为对输入信号产生较大的频率阶跃可能会导致 PLL 系统失锁，即不能正确锁定输入信号，需要重新进行设置去尝试重新锁定输入的载波信号。

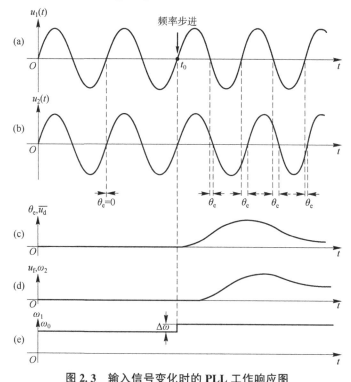

图 2.3　输入信号变化时的 PLL 工作响应图

(a) 输入信号波形；(b) VCO 的输出信号；(c) 信号 $\overline{u_d}(t)$ 与 $\theta_e(t)$ 随时间变化图；(d) VCO 的角频率与环路滤波器输出信号 $u_f(t)$ 随时间变化图；(e) 输入信号的角频率

在深空站基带设备中也是通过 PLL 技术来完成测速的，其基本思路是通过 PLL 闭环控制回路过程，经测站天线接收到的探测器载波或副载波信号经过放大、下变频后的中频信号作为输入信号进入基带，通过基带中的 PLL 对输入信号进行相位检测，得到累积载波相位，累积载波相位对于时间求导数，即得到载波信号的频率估计，进而获得反映探测器与测站相对运动关系的多普勒频率。此时得到的多普勒观测量是一段时间内的平均多普勒观测值。

通过以上分析可以看出，PLL 测速的核心是利用一个闭环的相位控制电路实现载波信号的高精度跟踪与测量。如 1.2 节所述，测站接收到的探测器下行信号微弱或深空探测器运动变化剧烈时，将可能导致 PLL 相位失锁，从而无法闭环测速功能。为了适应深空探测信号的高动态性，锁相环又必须具有较宽的环路带宽，但这样会引入更多的噪声。锁相环很难同时满足这两方面的要求。为了解决这个矛盾，在具体实现中有变带宽和频率牵引两种技术可以采用。研究表明在环路带宽变换瞬间，环路的跟踪性能会出现较大误差。针对该问题，有学者提出了连续变带宽思路，即在每个环路更新周期内都进行缓慢变带宽，以减弱变带宽引起的误差。这样必然增加算法的复杂性，并使环路的锁定过程增长。下面着重介绍基于频率估计的锁相环辅助跟踪技术。

2.1.2 辅助锁相环方案设计

基于频率和初相估计的锁相环辅助方案如图 2.4 所示。接收信号通过辅助算法进行频率和初相估计，并对压控振荡器的中心频率和初始相位进行预设；同时接收信号与压控振荡器输出的本地载波进行相乘，通过积分器滤除高频成分，并将低频成分送到鉴相器，然后通过低通滤波形成控制信号，调整压控振荡器的输出。这里采用一种改进的 Rife 算法（I-Rife）对锁相环进行频率和初相辅助，具体实现及性能分析如下所述。

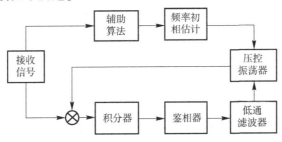

图 2.4 基于频率和初相估计的锁相环辅助方案

Rife 算法利用了主瓣内的两条谱线进行频率估计，如式（2.3）所示：

$$\hat{f}=\frac{1}{T}(k_0+r\hat{\delta}),\hat{\delta}=\frac{|X(k_0+r)|}{|X(k_0)|+|X(k_0+r)|} \tag{2.3}$$

式中，k_0 为频谱峰值谱线位置；$T=Nt_s$，其中 t_s 为采样间隔；r 为频移修正符号，若 $|X(k_0+1)|\leqslant|X(k_0-1)|$，$r=-1$；反之，$r=1$；$\hat{\delta}$ 为相对频偏 δ 的估计。以 $r=1$ 为例，设 $\delta=k-k_0$，由式（2.3）可得：

$$\hat{\delta}=\frac{|X(k_0+1)|}{|X(k_0)|+|X(k_0+1)|}=\frac{\mathrm{sinc}(1-\delta)}{\mathrm{sinc}(1-\delta)+\mathrm{sinc}(\delta)}=\delta \tag{2.4}$$

可以看出，Rife 算法是一种无偏估计。但是，当信号频率位于 FFT 量化频率整数倍附近时，$|X(k_0+1)|$、$|X(k_0-1)|$ 的幅度都比较小，易受噪声影响，r 的符号估计容易出错，从而引起更大的频率估计误差。

为此有关文献提出了 M-Rife 算法。其基本原理是，首先计算式（2.4），若 $\hat{\delta}\in(\alpha,\beta)$，其中 α、β 表示 Rife 算法频率估计的中心区域，满足 $0<\alpha<\beta\leqslant1/2$，则式（2.4）得到的估计值即为最终估计结果；否则对原始信号进行频移（固定频移或自适应频移），并通过式（2.4）中 r 的取值确定频移方向，若 $r=-1$，则向左移；否则向右移动。

考虑到 $\hat{\delta}\in(-\alpha,\alpha)$，$\alpha>0$ 时，M-Rife 算法的频移方向与 Rife 算法一样易受噪声影响，出现误判，从而引起较大误差，这里通过在 M-Rife 算法之前增加一次固定频移量的向右频移，使 $\hat{\delta}\in(\alpha,\beta)$，然后再利用 M-Rife 算法进行频率估计，称为 I-Rife 算法。设固定频移量为 $0.5\Delta f(\Delta f=1/T)$。设信号频率偏差为 δ，则为了防止频移过度，需满足：

$$|\delta|+0.5<1-|\delta|\Rightarrow|\delta|<0.25 \tag{2.5}$$

若 $\delta=0.25$，则频移 $0.5\Delta f$ 后，频移信号的 δ 实际等效为 -0.25，那么频谱受噪声影响的程度基本没有通过频移改善。而当 $0\leqslant\delta<0.25$ 时，频移 $0.5\Delta f$ 后，频移信号的 δ 等效位于 $(0.25,0.5]$ 区间内，频谱受噪声影响的程度相对减小。再进行 M-Rife 算法进行频率估计时，频移方向出现误判的概率就会大大降低。也可将 $0\leqslant\delta<0.25$ 分成更小区间，分别按照不同的频移量进行频移，δ 越大，固定频移量可相对越小。

M-Rife 算法的频移改进只需在 $\hat{\delta}\in(-\alpha,\alpha)$ 的频率区间进行，这里选择信号频谱的次峰与主峰幅度之比 R 为参数判断是否进行 $0.5\Delta f$ 频移。式（2.5）分析表明 δ 不宜超过 0.25，当 $\delta=0.25$ 时，R 的变化趋势如图 2.5 所示，其中，信号频率、采样频率符合奈奎斯特采样定理即可；蒙特卡罗仿真次数为500。

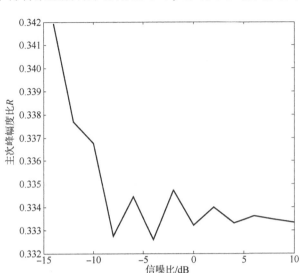

图 2.5　不同信噪比下主次峰幅度比（$\delta=0.25$）

由图 2.5 可以看出：信噪比越低，R 越大；随着信噪比的提高，R 趋于稳定，约为 1/3。考虑到 R 越大，δ 就越大，而 δ 不宜超过 0.25，所以取 $R=0.3$。在 Rife 算法中，信号频率越靠近量化频率中间区域，估计性能就越稳定，所以经过固定频移改进后，M-Rife 算法采用自适应频移处理，即频移量满足：

$$\delta_{\text{shift}} = \frac{1}{2} - \frac{|X(k_0+r)|}{|X(k_0)|+|X(k_0+r)|} \tag{2.6}$$

其中，r 由信号固定频移后的谱线幅度 $|X(k_0+1)|$、$|X(k_0-1)|$ 的相对关系确定。此时，频移信号的相对频率偏差接近 0.5。至此，可给出 I-Rife 算法的步骤：

（1）对信号进行 FFT 变换，计算次峰与主峰幅度之比 R；若 $R<0.3$，则对信号进行向右频移 $0.5\Delta f$。

（2）对（1）得到的信号再次进行频移，频移量由式（2.6）决定。

（3）对（2）得到的信号按照 Rife 算法进行频率估计，并结合前面（1）、（2）中的频移情况对估计结果进行修正。

下面对改进 Rife 算法的性能进行理论分析。设高斯白噪声环境下的正弦信号为：

$$s(n) = x(n) + v(n), n = 0, 1, \cdots, N-1 \tag{2.7}$$

式中，$x(n)$ 为理想情况下的单频复正弦信号；$v(n)$ 为复高斯白噪声，方差为 σ^2，则 $s(n)$ 的信噪比 $\mathrm{SNR} = \sigma^{-2}$。对式（2.7）做 DFT 变换（其中 $v(n)$ 不满足变换条件，这里是从概率意义上说明问题）：

$$\begin{aligned} S(k) &= X(k) + V(k) = |X(k)|\mathrm{e}^{\mathrm{j}\varphi_{xk}} + |V(k)|\mathrm{e}^{\mathrm{j}\varphi_{vk}} \\ &= |X(k)|\mathrm{e}^{\mathrm{j}\varphi_{xk}}\left[1 + \frac{|V(k)|}{|X(k)|}\mathrm{e}^{\mathrm{j}(\varphi_{vk}-\varphi_{xk})}\right] \\ &= |X(k)|\sqrt{1 + \left|\frac{V(k)}{X(k)}\right|^2 + \frac{2|V(k)|}{|X(k)|}\cos(\varphi_{vk}-\varphi_{xk})}\;\mathrm{e}^{\mathrm{j}\varphi_{xk}} \end{aligned} \tag{2.8}$$

考虑到 φ_{vk} 的随机性以及噪声与信号幅度的相对关系，对式（2.8）进行泰勒级数展开，略去高次项可得：

$$\begin{aligned} |S(k)| &= |X(k)|\sqrt{1 + \left|\frac{V(k)}{X(k)}\right|^2 + \frac{2|V(k)|}{|X(k)|}\cos(\varphi_{vk}-\varphi_{xk})} \\ &\approx |X(k)| + |V(k)|\cos(\varphi_{vk}) \end{aligned} \tag{2.9}$$

由于 $v(n)$ 为高斯白噪声及 DFT 基函数相互正交，可知 $V(k)$ 也为高斯白噪声，其均值为 0、方差为 $N\sigma^2$。将式（2.9）代入式（2.3）可得相对频率偏差的估计：

$$\begin{aligned} \hat{\delta} &= \frac{S_r}{S_0 + S_r} = \frac{X_r + V_r\cos(\varphi_{vr})}{X_0 + V_0\cos(\varphi_{v0}) + X_r + V_r\cos(\varphi_{vr})} \\ &= \frac{X_r}{X_0 + X_r} \cdot \frac{1 + \dfrac{V_r}{X_r}\cos(\varphi_{vr})}{1 + \dfrac{V_0\cos(\varphi_{v0}) + V_r\cos(\varphi_{vr})}{X_0 + X_r}} \\ &= \frac{X_r}{X_0 + X_r}\left[1 + \frac{V_r}{X_r}\cos(\varphi_{vr})\right]\left[1 - \frac{V_0\cos(\varphi_{v0}) + V_r\cos(\varphi_{vr})}{X_0 + X_r}\right] \\ &= \frac{X_r}{X_0 + X_r}\left[1 + \frac{X_0 V_r\cos(\varphi_{vr})}{X_r(X_0 + X_r)} - \frac{V_0\cos(\varphi_{v0})}{X_0 + X_r}\right] \\ &= \frac{X_r}{X_0 + X_r} + \frac{X_0 V_r\cos(\varphi_{vr})}{(X_0 + X_r)^2} - \frac{V_0 X_r\cos(\varphi_{v0})}{(X_0 + X_r)^2} \end{aligned} \tag{2.10}$$

其中，$S_0 = |S(k_0)|$，$S_r = |S(k_0+r)|$，$X_0 = |X(k_0)|$，$X_r = |X(k_0+r)|$，$V_0 = |V(k_0)|$，$V_r = |V(k_0+r)|$。进一步可得到：

$$\mathrm{var}(\hat{\delta}) = \mathrm{var}\left[\frac{X_0 V_r \cos(\varphi_{vr})}{(X_0+X_r)^2} - \frac{V_0 X_r \cos(\varphi_{v0})}{(X_0+X_r)^2}\right]$$

$$= \frac{X_0^2 + X_0^2}{(X_0+X_r)^4}\left(\frac{N\sigma^2}{2}\right) = \frac{(1-2\delta+2\delta^2)(1-\delta)^2}{2N\mathrm{SNR}\,\mathrm{sinc}^2(\delta)} \tag{2.11}$$

由于 I-Rife 算法处理后，δ 接近 0.5，所以令 $\delta = 0.5$，代入式（2.11）可得：

$$\sigma_{\hat{\delta}} = \frac{\pi}{8\sqrt{N\mathrm{SNR}}}, \quad \sigma_{\hat{f}} = \frac{\pi}{8T\sqrt{N\mathrm{SNR}}} \tag{2.12}$$

考虑到 ϕ_{k_0}、$\hat{\delta}$ 相互独立，由式（2.3）可得 ϕ_0 的估计 $\hat{\phi}_0$ 及估计误差：

$$\hat{\phi}_0 = \phi_{k_0} + \left(1 - \frac{1}{N}\right)\hat{\delta}\pi \approx \phi_{k_0} + \hat{\delta}\pi$$

$$\sigma_{\phi_0} = \sqrt{\sigma_{\phi_0}^2 + \pi^2 \sigma_{\delta}^2} = \sqrt{\frac{1}{2N\mathrm{SNR}\,\mathrm{sinc}^2(\delta)} + \pi^2 \sigma_{\delta}^2} = \frac{3\sqrt{2}\pi}{8\sqrt{N\mathrm{SNR}}} \tag{2.13}$$

易知，克拉美-罗界（Cramér-Rao Lower Bound, CRLB）为：

$$\sigma_{f_{\mathrm{CRLB}}} = \frac{1}{\pi T}\sqrt{\frac{3}{2N\mathrm{SNR}}}, \quad \sigma_{\phi_{\mathrm{CRLB}}} = \sqrt{\frac{1}{2N\mathrm{SNR}}} \tag{2.14}$$

通过数值计算可得 $\sigma_{\hat{f}}/\sigma_{f_{\mathrm{CRLB}}} \approx 1.01$，$\sigma_{\phi_0}/\sigma_{\phi_{\mathrm{CRLB}}} \approx 2.36$，说明 I-Rife 算法的频率估计精度基本接近 CRLB，估计精度较高。

I-Rife 算法给出的频率估计精度不受限于 DFT 的分辨率，在同样数据长度下可以更精确地对锁相环进行辅助。根据 DFT 相位差法的估计精度和统计规律中的 3σ 准则，某次频率估计 $\hat{f}_0(k)$ 和初相估计 $\hat{\phi}_0(k)$ 将以 99.7% 的概率分别落入区间 $[\hat{f}_0 - 3\sigma_f, \hat{f}_0 + 3\sigma_f]$ 和 $[\hat{\phi}_0 - 3\sigma_\phi, \hat{\phi}_0 + 3\sigma_\phi]$ 内。由此可以对锁相环的参数进行设计。

2.1.3 辅助锁相环参数设置

这里采用理想二阶环，鉴相器采用反正切鉴相器，其鉴相范围为 $[-\pi/2, \pi/2]$。锁相环快捕带的经验表达式为：

$$\Delta\omega_L = 2\zeta\omega_n \tag{2.15}$$

其中，$\omega_n = \sqrt{K/\tau_1}$ 为特征频率，$\zeta = \frac{\tau_2}{2}\sqrt{K/\tau_1}$ 为阻尼因子，K 为环路总增益，τ_1、τ_2 分别为二阶锁相环积分滤波器电路的时间常数。由于经过 DFT 相位差法得到的估计频率具有一定方差、均值为真实频率的随机量，根据统计规律中的 3σ 准

则，为了保证经过频率相位辅助以后，输入信号频率落入锁相环的快捕带内，必须满足

$$3\sigma_{\Delta f} \leq \Delta\omega_L \tag{2.16}$$

通过环路等效噪声带宽 B_L 可以设置环路的快捕带。理想二阶环的 B_L 与 ζ、ω_n 的关系为

$$B_L = \frac{\omega_n}{8\zeta}(1+4\zeta^2) \tag{2.17}$$

由此，可以得到快捕带与环路等效噪声带宽 B_L 的关系为：

$$\Delta\omega_L = \frac{16\zeta^2}{1+4\zeta^2}B_L \tag{2.18}$$

由式（2.17）和式（2.18）可以得到环路等效噪声带宽 B_L 的设置要求：

$$B_L \geq \frac{3\sigma_{\Delta f}(1+4\zeta^2)}{16\zeta^2} \tag{2.19}$$

所以在频率辅助下，锁相环环路等效噪声带宽满足式（2.19）时，输入信号频率将以 99.7% 的概率落入锁相环的快捕带内。

2.1.4 辅助锁相环方案分析

本章提出的辅助锁相环方案可同时对锁相环中心频率和初始相位进行预设，从而辅助锁相环快速锁定。现从以下两个方面进行分析。

1. 频率辅助对环路跟踪精度的影响

由于 DFT 相位差法的频率估计精度比较高（约为 DFT 频率分辨率的 1%，甚至更低），由此对锁相环的中心频率进行预设，可以使输入信号频率落入环路的快捕带内，加快环路锁定。

锁相环的跟踪精度与环路等效噪声带宽有直接关系，如式（2.20）所示：

$$\sigma_\theta^2 = \frac{2B_L}{(C/N_0)} \tag{2.20}$$

其中，σ_θ 为环路输出相位误差，C/N_0 是输入信号的载噪比。由式（2.20）可以看出，环路等效噪声带宽 B_L 越小，环路跟踪精度越高。对于同样的输入信号，由于辅助算法的频率估计精度较高，环路设定较小的环路等效噪声带宽时，信号频率也能落入锁相环的快捕带内。这样既保证了环路的快速跟踪，又保证了环路的跟踪精度。

2. 相位补偿对环路暂态响应的影响

锁相环是一个相位负反馈系统，对锁相环初始相位进行预设，可以改善环路的暂态响应，进一步提高环路锁定速度。对于理想二阶环，当 $0<\zeta<1$ 时，环路对 $\Delta\theta$ 的相位阶跃的暂态响应为

$$\theta_e(t) = \Delta\theta e^{-\zeta\omega_n t}\left[\cos(\xi\omega_n t) - \frac{\zeta}{\xi}\sin(\xi\omega_n t)\right] \tag{2.21}$$

其中，$\xi=\sqrt{1-\zeta^2}$，$t\geq 0$。由式（2.21）可以看到，在 $t=0$ 时，环路有最大相位误差 $\Delta\theta$，这是因为此时环路尚未反馈控制。显然 $\Delta\theta$ 不应超过鉴相器的线性范围。环路的暂态过程一般由环路参数 ζ、ω_n 决定，当 ζ 一定时，ω_n 越小，暂态响应时间也越长。当 $\pm 2\%$ 的允许误差时，暂态响应时间约为

$$t_s \approx \frac{4}{\zeta\omega_n} \tag{2.22}$$

式（2.22）中，$\pm 2\%$ 的允许误差是指环路相位误差的起伏不超过稳态相位误差的 $\pm 2\%$。经过 DFT 相位差法进行信号初相估计并对锁相环的初始相位进行预置，相位阶跃 $\Delta\theta$ 趋于零，那么环路相位误差的起伏也趋于零，从而减小环路的暂态响应时间，进一步加快环路锁定。

2.2 深空闭环测速仿真验证

假设信号采样率为 16.3 MHz，$\zeta=0.707$，信号中心频率为 4.8 MHz，信号初始相位为 $\pi/4$，二阶锁相环环路增益为 1 000，环路预积分时间为 40 μs，其他参数在具体仿真部分设置。

2.2.1 频率相位估计概率仿真

图 2.6 给出了一定频率估计精度（5 Hz）和相位估计精度（0.5°）下，500 次蒙特卡罗仿真中频率和相位估计在不同信噪比下落入 3σ 区间的概率。可以看出，当 $N=4\ 096$，SNR = 15 dB 时频率估计落入 3σ 区间的概率达到 99.7%；当 $N=8\ 192$，SNR = 6 dB 时频率估计落入 3σ 区间的概率达到 99.7%。在同样情况下，相位估计情况要好于频率估计。图 2.6 的结果说明，根据频率估计精度设置相应的环路等效噪声带宽的分析是合理的。

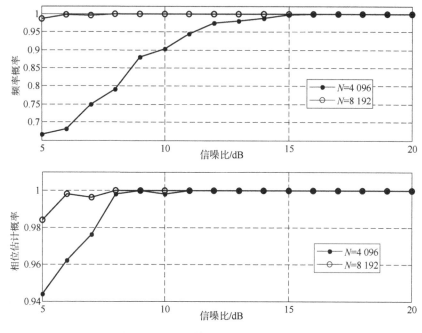

图 2.6　固定精度时正确估计概率

2.2.2　频率辅助对锁相环锁定过程影响仿真

现在考察频率辅助对锁相环跟踪过程的影响，设信噪比 SNR = 10 dB。根据前面仿真结果，当频率估计数据长度 N = 4 096 时，设置 B_L 为其下限 10.1 Hz，可得环路快捕带约为 26.93 Hz；N = 8 192 时，设置 B_L 为其下限 3.73 Hz，可得环路快捕带约为 9.95 Hz。

图 2.7 给出了频率辅助下锁相环的跟踪结果。其中上图是频率估计数据长度 N = 4 096 的情况，频率初始偏移为 100 Hz，可以看到经过辅助后（此时信号频率与锁相环中心频率相差 4.93 Hz，位于环路快捕带内），环路快速进入稳定状态，暂态时间约为 70 ms；未辅助的情况下，环路经过多个周跳调整，最后也进入稳定状态，此时暂态时间约为 140 ms。下图是频率估计数据长度 N = 8 192 的情况，频率初始偏移为 40 Hz，可以看到经过辅助后，频率偏移缩小到 0.19 Hz，也位于环路快捕带内，所以环路快速进入稳定；但是由于环路等效噪声带宽较小，暂态时间相对增长，约为 200 ms；未辅助的情况下，暂态时间更长，约为 400 ms。所以，频率辅助使得环路进入稳定状态的速度大大提高。

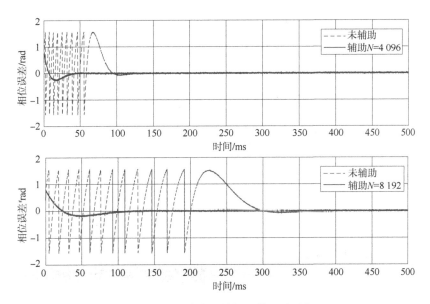

图 2.7 频率辅助下锁相环的跟踪过程

2.2.3 相位辅助对锁相环暂态响应影响仿真

在频率辅助前提下,对锁相环的初始相位进行辅助等效为环路相位阶跃的减弱。设初始相位偏差为 0.1π,频率估计数据长度 $N=4\,096$,环路带宽 $B_L = 10.1$ Hz,信噪比 SNR = 10 dB,图 2.8 给出了相位辅助、相位偏差 0.2π 和相位偏差 0.4π 时,锁相环的跟踪过程。可以看出,当存在相位偏差时,在 $t=0$ 时刻,相位误差的初始值分别达到 0.2π 和 0.4π;进行相位辅助后,相位误差初始值几乎为零。

另外还可以看出,相位初始偏差越小,环路的暂态抖动就相对越小,最大过冲也相应越小。三种情况的最大过冲量分别为 0.1π、0.05π 和 0.02π。如果以绝对相位抖动为参考,那么经过相位辅助后,环路暂态时间将相对缩短。

现将不同辅助情况下(只进行频率辅助、频率和初相同时辅助)与未辅助时锁相环跟踪过程进行对比。设环路等效噪声带宽 $B_L = 10.1$ Hz,环路快捕带为 26.93 Hz,环路初始频偏为 100 Hz,频率估计数据处理长度 $N=4\,096$,仿真结果如图 2.9 所示。

可以看出,在未进行任何辅助时,由于初始频偏大于环路快捕带,所以环路

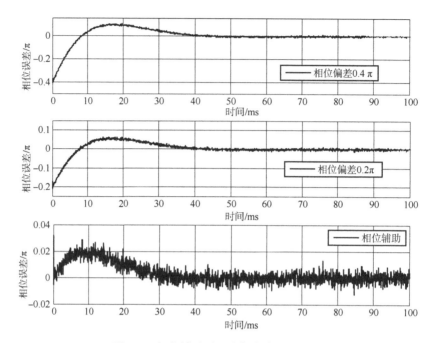

图 2.8 相位辅助对环路暂态响应的影响

经过多次周跳才进入稳定状态;进行频率辅助后,输入信号频率与环路中心频率相差为 0.07 Hz,位于环路快捕带内,所以相对很快进入稳定状态;在同时进行频率和相位辅助后,环路在 10 ms 左右就进入稳定状态,说明经过频率和相位同时辅助,环路暂态时间最短。

设采样率为 16.3 MHz,中心频率为 4.8 MHz,频率偏移为 1 kHz,初始相位为 π/4,现将不同辅助情况下(只进行频率辅助、频率和初相同时辅助)与未辅助时锁相环跟踪过程进行对比。设环路等效噪声带宽 B_L = 10.1 Hz,环路快捕带为 26.93 Hz,环路初始频偏为 100 Hz,频率估计数据处理长度 N = 4 096。不同信噪比下单音信号多普勒频率跟踪结果、多普勒跟踪误差和相位跟踪误差如图 2.10 所示。由图 2.10(a)可以看出,相位估计误差均值几乎为零,说明不存在稳态相位偏差;由图 2.10(b)可以看出,频率估计偏差最差为 0.014 Hz,最好为 0.002 Hz,说明频率估计基本上为信号频率真值;频率估计误差也非常小。当 SNR = 6 dB 时,相位跟踪误差为 0.9°,频率跟踪误差为 0.4 Hz;当 SNR = 10 dB 时,相位跟踪误差为 0.56°,频率跟踪误差为 0.25 Hz。

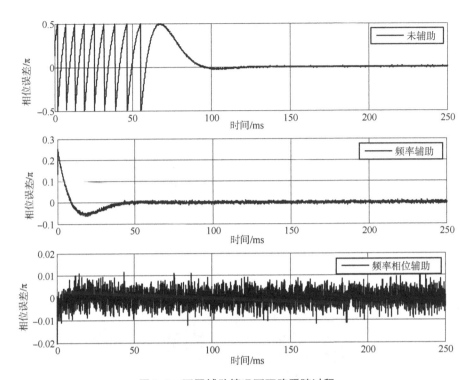

图 2.9 不同辅助情况下环路跟踪过程

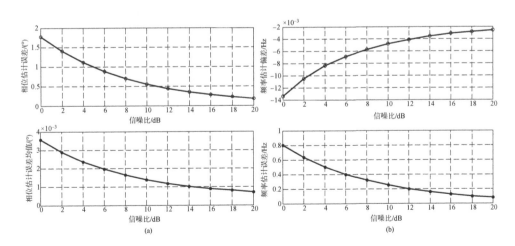

图 2.10 不同信噪比下锁相环提取信号相位和频率的仿真结果

(a) 相位跟踪估计情况；(b) 频率跟踪估计情况

2.3　深空闭环测速实测数据处理验证

对于月球探测器"嫦娥二号"（Chang'e-2，CE02）的测控信号，其频谱如图 2.11 所示。采样率为 56/3 MHz，共读取 8 192 000 个数据，每路数据长 4 096 000 个；锁相环的设置参数：环路带宽为 30 Hz、25 Hz，阻力系数为 0.707，环路更新时间（积分时间）为 34.93 μs。频率跟踪结果、相位跟踪结果、时延估计结果如图 2.11、图 2.12 所示，其中频率跟踪误差为 16 Hz、13 Hz，相位跟踪误差为 0.2 rad、0.2 rad。可以看出，环路带宽减小时，跟踪性能有所提高，但是并不明显。当环路带宽再减小时，结果偏差较大。

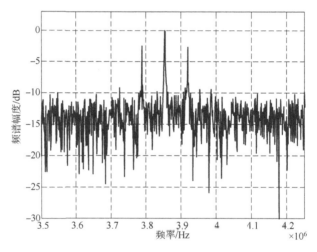

图 2.11　测控信号频谱图

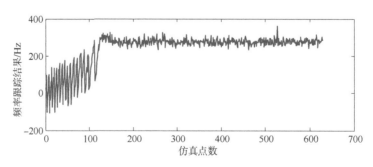

图 2.12　锁相环时相位频率跟踪结果

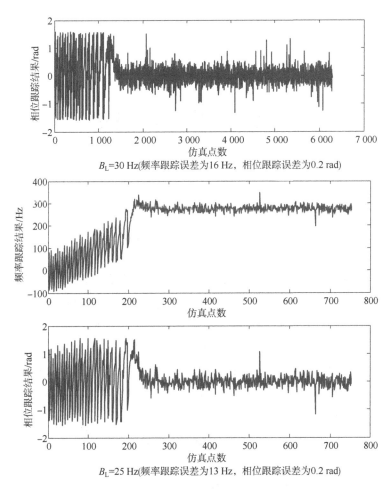

B_L=25 Hz(频率跟踪误差为13 Hz,相位跟踪误差为0.2 rad)

图 2.12 锁相环时相位频率跟踪结果（续）

2.4 本章小结

本章包含 3 个部分，首先介绍了深空闭环测速的基本原理，重点介绍了基于频率估计辅助的锁相环跟踪方案，并对参数设计和辅助方案等进行了深入分析。其次对辅助跟踪方案中的频率相位估计概率、频率辅助性能、相位辅助性能等进行了蒙特卡罗仿真。最后基于深空探测实测数据对闭环跟踪性能进行了评估。

第 3 章
深空无线电开环测速

3.1 深空开环测速原理

从国际上深空测控通信技术发展来看，测量模式经历了由闭环测量逐步发展为闭环与开环测量并用的历程。近年来，随着各类时频技术与软件无线电技术的发展，开环测量模式在遥远深空探测任务中应用非常广泛，例如单向测速、三向测速与测距。开环测量的定义见 1.2.2 节。这里需要指出的是，VLBI 严格意义上也属于开环测量范畴，限于 VLBI 处理方式是为了完成高精度测角，与本书研究的开环测速差异明显，本书并不将 VLBI 列入开环测量研究讨论内容。

深空开环测速属于开环测量的范畴。为说明深空开环测速原理，首先介绍深空开环测量原理。为更有效阐述开环测量原理，这里进行开环测量与闭环测量的对比分析。典型的闭环测量示意图如图 3.1 所示。

本章将开环测量分为以下三种模式，分别是单向开环测量、三向开环测量、特殊的双向开环测量，其示意图如图 3.2、图 3.3、图 3.4 所示。可以看出，单向开环测量是由深空探测器发射下行信号，经空间链路传播后，由地面测站接收深空探测器下行信号，并由下

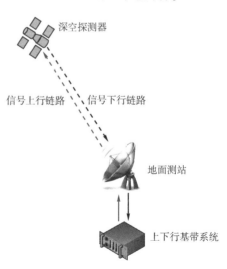

图 3.1 典型的闭环测量示意图

行接收机完成对深空探测器的单向开环测量；三向开环测量是由主测站的上行发射系统经过地面天线发射高功率上行信号，经空间传播后由深空探测器接收地面上行信号，通过相干转发后，向地面发送下行信号，由地面天线接收，经地面下行接收机处理后，完成对探测器的三向测量；特殊的双向开环测量，是指利用同一个地面测站完成对深空探测器的上下行信号发送与接收，但上行发射系统与下行接收系统是相互独立的系统，这区别于传统典型的闭环测量。闭环测量是通过同一个集成的基带设备完成信号上、下行功能，通过相位锁定的方式完成闭环测量。

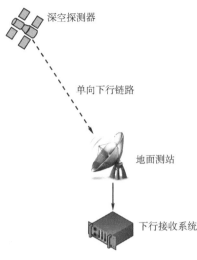

图 3.2　单向开环测量示意图

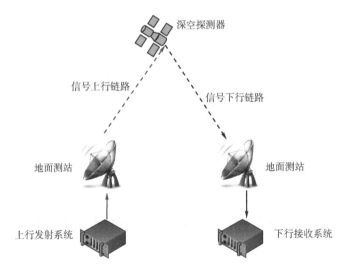

图 3.3　三向开环测量示意图

我国已经执行的历次月球探测与首次火星探测任务，在工程上对深空探测器测速均主要使用闭环测量模式。深空探测器在火星以远测控距离上，由于更大的往返光行时影响，地面测站接收信号强度变弱，且深空探测器在一些特殊飞行弧段，如近天体附近，由于天体引力影响，深空探测器的飞行动态特性增大，使得闭环测量的条件更为苛刻、闭环测量的过程更为复杂，因此发展与验证深空开环

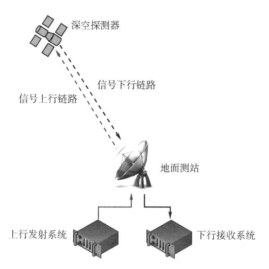

图 3.4 特殊的双向开环测量示意图

测速技术,可使众多具备信号采集与记录的地面天线系统,具备参加深空开环测速试验任务能力变成可能,对于我国深空探测工程任务实施与行星科学研究等具有重要意义。

在以上介绍开环测量原理基础上,深空开环测速原理为:利用开环测量手段,基于地面测站接收信号,提取出深空探测器多普勒频率信息,完成深空探测器与地面测站相对速度信息的过程。深空开环测速的关键技术在于通过开环测速信号处理方法,实现对深空探测器的高精度测速,以下两节分别详细介绍两类高精度开环测速信号处理方法。

3.2 基于分段建模本地相关的深空开环测速方法

3.2.1 算法原理

本节详细描述提出的基于分段建模本地相关的深空开环多普勒测速信号处理算法,用以高精度提取深空探测器的下行载波信号多普勒频率,获取开环测速观测量,为深空探测器定轨与相关行星 RS 应用提供高精度观测量输入。在本节的算法介绍中,所有物理量的单位均采用国际标准单位,例如,频率为 Hz,相位为 rad,时间为 s,距离为 m,速度为 m/s。

深空探测器的下行载波信号 $y(t)$ 表达式为：

$$y(t) = e^{-j[2\pi(f_{sky}+f_{dop})t+\varphi_0]} \tag{3.1}$$

式中，f_{sky} 表示深空探测器的天空频率，φ_0 表示下行载波信号的原始相位，t 表示时标，f_{dop} 表示深空探测器相对于地面测站的多普勒频率。

深空探测器下行信号经过空间链路传播，经由地面天线射频接收、放大、变频至中频，随后通过数据采集与记录设备进行数字采样与记录，供后续进行观测量提取分析。

为方便描述提出的开环多普勒测速信号处理方法过程，这里将利用复数离散信号形式予以详细推导。深空探测器载波信号形式如式（3.2）所示。

$$y(t_i) = e^{-j\left[2\pi f_{sky}\left(t_i-\frac{L_i}{c}\right)+2\pi f_{dop}t_i-2\pi f_{loc}t_i+\varphi_0\right]}, i=1,2,\cdots,N \tag{3.2}$$

式中，t_i 表示离散时标；N 表示信号的离散点数，即处理信号长度；L_i 表示在 t_i 时刻深空探测器相对于地面测站的距离；c 表示光在真空中的传播速度；f_{dop} 表示在 t_i 时刻深空探测器相对于地面测站的速度；f_{loc} 为地面测站的本振频率。在地面测站，采集记录设备对深空探测器中频信号的采样频率记为 f_s，因此，采样时间间隔为：

$$\Delta t = \frac{1}{f_s}$$

深空开环测速信号处理过程具体描述如下。

首先，深空探测器的载波信号通过经典的快速傅里叶变换（FFT）方法进行初估计。深空探测器载波频率的估计结果表示为 f_{fft_i}，$i=1, 2, \cdots, P$，其中 P 表示离散点数，$P=\frac{N}{n_{fft}}$，n_{fft} 表示一次 FFT 计算点数。FFT 计算的频率分辨率为：

$$d_f = \frac{f_s}{n_{fft}}$$

其次，深空探测器载波信号进一步通过线性调频 Z 变换（Chirp Z-transform，CZT）方法进行处理，获得更精确的载波频率估计。CZT 方法对分析的深空探测器载波信号在频域进行频谱细化，提高信号分析的频率分辨率，以此来获得更为精细化的深空探测器载波频率估计。在应用 CZT 方法过程中，涉及的参数设置包括：频谱细化带宽、频谱细化起始频率、CZT 变换长度与信号采样频率。频谱细化的带宽及位置在每次 CZT 计算中建议采用 $[f_{fft\_i}-d_f, f_{fft\_i}+d_f]$，即频率细化带宽为 $2d_f$，频谱细化的起始频率为 $f_{fft\_i}-d_f$。通常在 CZT 计算中，考虑到计算量与频率分辨率的关系，建议 CZT 变换长度设置为 $2\,000 d_f$，因此，通过 CZT 算法对深空探测器信号载波信号估计的频率分辨率相对于 FFT 计算的频率分辨率提高了 $1\,000$ 倍。通过 CZT 算法估计的深空探测器载波频率结果表示为 f_{czt_i}，$i=1$，2，$\cdots$，P。

随后，进一步通过本地相关的分段建模后处理方法应用于高精度的载波信号估计方法。对 CZT 估计获得深空探测器载波频率结果 f_{czt_i}，$i=1$，2，$\cdots$，P 进行分段，每段具有固定长度 K，即 K 为每段建模的长度，Q 为分段数目，因此有 $P = K \times Q$。在本书中，N、n_{fft}、P、K 和 Q 均是正整数，它们之间的关系为：

$$N = n_{\text{fft}} \times P = n_{\text{fft}} \times K \times Q$$

在分段建模本地相关方法中，K 和 n_{fft} 是最重要的两个参数，将直接影响深空探测器载波信号提取精度，需要根据具体工况进行有效设置。在 K 和 n_{fft} 的设置过程中，有两方面的因素需要考虑，一方面是地面测站接收深空探测器下行载波信号的信噪比（SNR）；另一方面是深空探测器下行载波信号的动态特性。通常，当地面测站接收到深空探测器下行载波信号的 SNR 较低时，K 建议取值增大，当深空探测器下行载波信号的动态小时，K 建议取值增大，反之亦然；进而，当深空探测器下行载波信号的 SNR 较低时，n_{fft} 建议取值增大，当深空探测器下行载波信号的动态小时，n_{fft} 建议取值增大，反之亦然。对于 K 和 n_{fft} 的设置，将在实际应用过程中综合考虑。这里给出一个在实际应用过程中的经验设置，

$$0.005 \leq \frac{n_{\text{fft}}}{f_s} \leq 0.5 \text{ 与 } 10 \leq K \leq 50$$

在前面分段基础上，每一个分段的 f_{czt_i}，$i=1$，2，$\cdots$，K 用于通过最小二乘多项式拟合方法来获得深空探测器载波信号的拟合模型，表示如式（3.3）与式（3.4）所示。

$$\sum_{i=1}^{K} \left[f(t_{\text{mid}\_i}) - f_{\text{czt}\_i} \right]^2 = \min \tag{3.3}$$

$$f(t) = q_1 t^n + q_2 t^{n-1} + \cdots + q_n t + q_{n+1} \tag{3.4}$$

式中，n 表示最小二乘的拟合阶次，q_1，q_2，$\cdots$，q_{n+1} 表示多项式拟合次数，t_{mid_i} 表示每段 n_{fft} 点的中点时标。n 可以设置为正整数，但是，建议在一次观测任务中 n 为一个固定值，通常，n 建议设置为 1，因为通过线性分段处理能针对大多数观测工况均能获取较优的测量结果。

随后，差分频率 Δf_i 的表达式如下所示：

$$\Delta f_i = f_{\text{czt}\_i} - f_{\text{sky}}, i = 1, 2, \cdots, K \tag{3.5}$$

由于深空探测器相对于地面测站的相对运动存在，多普勒频率存在，$\Delta f_i = f_{\text{czt}\_i} - f_{\text{sky}}$，$i=1, 2, \cdots, K$ 几乎均不为 0，除非在整个观测过程中深空探测器相对于地面测站的速度为 0。

因此，通过最小二乘多项式拟合方式可以获得时延率的拟合模型，如下所示：

$$\sum_{i=1}^{K} \left[\dot{\tau}(t_{\text{mid}\_i}) - \frac{\Delta f_i}{f_{\text{sky}}} \right]^2 = \min \tag{3.6}$$

$$\dot{\tau}(t) = p_1 t^n + p_2 t^{n-1} + \cdots + p_n t + p_{n+1} \tag{3.7}$$

式中，n 表示最小二乘的拟合阶次，p_1，p_2，$\cdots$，p_{n+1} 为拟合系数。时延率的单位为 s/s。

因为时延为时延率的积分，因此可得时延模型如式（3.8）所示。时延的单位为 s。在实际的信号处理过程中，有两个正确获取时延率的约束条件，一是 $\Delta f_i = f_{\text{czt}\_i} - f_{\text{sky}} \equiv 0$（即不总是等于 0），二是 $t>0$。

$$\tau(t) = \frac{p_1}{n+1} t^{n+1} + \frac{p_2}{n} t^n + \cdots + \frac{p_n}{2} t^2 + p_{n+1} t \tag{3.8}$$

在获取了深空探测器载波信号时延模型的基础上，每 n_{fft} 点重构深空探测器载波的本地模型信号，如式（3.9）所示：

$$y_{\text{cons}}(t_i) = e^{-j[2\pi f_{\text{sky}}(t_i - \tau(t_i)) - 2\pi f_{\text{loc}} t_i]}, i = 1, 2, \cdots, n_{\text{fft}} \tag{3.9}$$

随后，K 段信号的本地信号模型能够有效获取，即

$$y_{\text{cons}}[t_i + (j-1) \times n_{\text{fft}} \times \Delta t], j = 1, 2, \cdots, K$$

随后，将深空探测器载波的本地信号模型与地面测站实际接收到的载波信号进行互相关运算，其表示式如式（3.10）所示。式中 fft 表示进行 FFT 计算，$*$ 表示进行共轭计算。

$$Y(j,i) = \mathit{fft}\{y[t_i+(j-1)\times n_{\text{fft}} \times \Delta t]\} \cdot \mathit{fft}\{y_{\text{cons}}[t_i+(j-1)\times n_{\text{fft}}\times \Delta t]\}^*,$$
$$j=1,2,\cdots,K; i=1,2,\cdots,n_{\text{fft}} \tag{3.10}$$

通过式（3.10）的运算，能便捷获取在互相关谱中频率值最大点数的相关相位 $\phi_{\max\_j}$。因此，残余频率 f_{res_j} 能够通过对互相关相位 $\phi_{\max\_j}$ 进行最小二乘线性拟合获得，其表达式如式（3.11）所示：

$$\sum_{j=1}^{K} (2\pi f_{\text{res}\_j} T_j - \phi_{\max\_j})^2 = \min \tag{3.11}$$

$$f_{\text{res\_}k} = a_k t + b_k \tag{3.12}$$

式中，$T = n_{\text{fft}} \times \Delta t$，表示每次 FFT 运算的积分时间。$f_{\text{res\_}k}$，$k=1$，$2$，$\cdots$，$Q$ 的获取在每一个分段中采用同一组参数设置，如式（3.12）所示，式中 a_k，b_k 为线性拟合系数。

对深空探测器载波频率的估值等于残余频率+模型频率，如式（3.13）所示。这里的模型频率表达式如式（3.14）所示，即将每段 FFT 运算时的中点时标代入式（3.4）中获得。

$$f_{\text{est}} = f_{\text{model}} + f_{\text{res}} \tag{3.13}$$

$$f_{\text{model}} = f\left(\frac{T}{2}\right) \tag{3.14}$$

其他分段的深空探测器载波信号频率估计值也通过一样的步骤进行运算。因此，深空探测器的多普勒频率值能够轻易获取，如式（3.15）与式（3.16）所示。

$$f_{\text{d}} = f_{\text{est}} - f_T = \left(\sqrt{\frac{c+v}{c-v}} - 1\right) f_T \approx \frac{v}{c} f_{T_{\text{probe}}} \tag{3.15}$$

$$f_{\text{d}} = f_{\text{est}} - q f_T = \left(\sqrt{\frac{c+v_1}{c-v_1}}\sqrt{\frac{c+v_2}{c-v_2}} - 1\right) q f_T \approx \frac{2v}{c} q f_{T_{\text{station}}} \tag{3.16}$$

式（3.15）表示深空探测器相对于地面测站的单向多普勒频率表达式，式中 $f_{T_{\text{probe}}}$ 为深空探测器的星上发射标称频率，v 为深空探测器相对于地面测站的相对速度，c 为光在真空中的传播速度，通常，$v \ll c$。

式（3.16）表示深空探测器相对于地面测站相对运动时的双向或三向多普勒频率表达式，式中 $f_{T_{\text{station}}}$ 表示上行测站对深空探测器的发射频率，v 表示在双向测量模式下深空探测器相对于地面测站的相对运动速度，v_1 表示在三向测量模式下深空探测器相对于上行测站的相对速度，v_2 表示在三向测量模式下深空探测器相对于下行测站的相对速度，q 表示深空探测器的信号转发比（比如 S 频率上下行的转发比为 240/221，X 频率上下行的转发比为 880/749，S 频段上行 X 频率下行的转发比为 880/221，Ka 频段上下行的转发比为 3 344/3 599，X 频段上行 Ka 频率下行的转发比为 3 344/749）。

通常，$v \ll c$，同时由于深空探测器相对于地面测站的距离非常遥远，多数情况下可近似认为 $v_1 = v_2 = v$。因此，深空探测器相对于地面测站的速度可表示为式（3.17）和式（3.18），分别表示单向、双向/三向测量模式。

$$v \approx \frac{(f_{est} - f_T)c}{f_{T_{probe}}} \tag{3.17}$$

$$v \approx \frac{(f_{est} - f_T)c}{2qf_{T_{probe}}} \tag{3.18}$$

3.2.2 软件实现

依据 3.2.1 节的开环多普勒测速算法，北京航天飞行控制中心进行开环测速软件自主设计与实现。

开环多普勒测速软件结构设计，共分为 4 个软件单元，包括基频数字信号格式解析单元、参数配置单元、信号处理单元、测速观测量生成单元，其结构示意简图如图 3.5 所示，这 4 个软件单元分别完成测站采集记录的基频数字信号格式正确解析、信号处理过程中所需各类参数配置、对解析后的基频数字信号进行高精度相位与频率提取、测速观测量转换，实现基于开环多普勒测量方式的深空探测器测速。

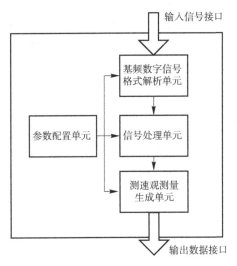

图 3.5 开环测速软件结构示意简图

1. 基频数字信号格式解析单元

基频数字信号格式解析单元解析深空探测器宽带与窄带格式的地面测站基频数字信号，其中宽带为实数数据格式，窄带为复数数据格式。这部分软件单元可实现按照固定接口格式方便地实现分时刻、分时长、分测站、分通道信号的有效解析。地面测站宽带实数采集记录格式，采用 VLBI 软件接口格式（VLBI Standard Interface，VSI），地面测站窄带复数采集记录格式，采用 RS 接收机格式（VLBI Science Receiver，VSR）。本节中的基频数字信号格式解析单元可对 VSI 和 VSR 两类数据格式进行解析，也可根据具体的采集与记录的数字信号编帧格式，具备格式可扩展能力。

2. 参数配置单元

参数配置单元需要设置的参数信息，具体包括深空探测器信号采样带宽、地面测站名称、理论上下行频点、信号量化位数、信号跳秒长度、信号处理积分时长、分析信号时间跨度、FFT 长度、CZT 频谱细化倍数、相关相位拟合阶次、相关相位拟合点数、测速类型、输出路径、输出格式等。其中，在参数配置单元中信号处理积分时长、频谱细化倍数、相位线性拟合频率点数是最能直接影响测速精度参数配置。通过实测数据分析得出经验，当深空探测器在行星际转移段时，相对于地面测站的相对速度变化相对较小，建议采用 0.5 s 或 1 s 积分时间（需要说明的是，本节中的积分时间均是指测站本地原子时（s）；当深空探测器处于环绕轨道时，深空探测器相对于地面测站的相对速度变化相对较大，建议采用 0.1 s 积分时间。通常设置相关相位拟合阶次为 1，在特殊情况下，在近天体点附近深空探测器运动变化非常剧烈时，设置相关相位拟合阶次可为 2。具体参数设置参考上一节开环测速算法。

3. 信号处理单元

信号处理单元是整个开环测速软件的核心。该软件单元进行主载波频率粗略估计、信号频谱细化、主载波频率精细估计、重构载波模型信号、实测主载波信号与载波模型信号互相关处理、残余互相关相位线性化检测、残余频率提取、频率估计、估计频率随机精度评估，其结构示意图如图 3.6 所示。

其中，频率处理估计采用 FFT 方法予以实现，信号频谱细化采用 Zoom FFT 或 CZT 方法；重构载波模型信号采用由主载波频率精细估计值、主载波理论下行频率、地面测站本振频率和时标组成的信号。残余互相关相位线性化检测是自动化检测指定的线性拟合频率点数相位线性程度；频率估计值等于主载波频谱细化值+残余频率值。

4. 测速观测量生成单元

测速观测量生成单元基于测速类型参数配置，可自动实现深空探测器主载波

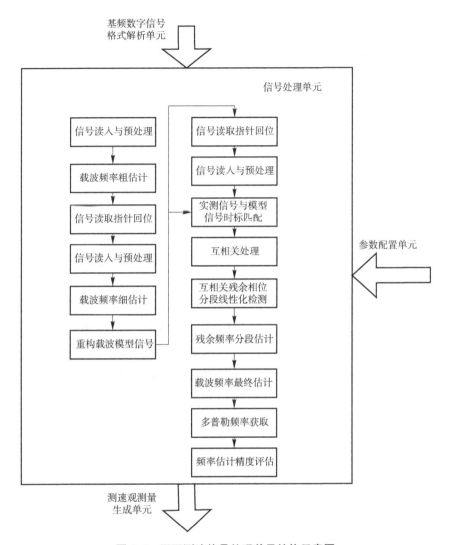

图 3.6 开环测速信号处理单元结构示意图

频率向单向测速、双向测速与三向测速观测量生成的转换，即采用不同的多普勒频率向测速转换公式，以实现测速观测量生成。

3.2.3 仿真验证

为了验证深空开环测速算法性能，在进行实测信号处理之前，通过仿真信号来验证算法的正确性与可靠性。仿真验证的思路是仿真一个确切的随时间变化的动态载波信号，并加入白噪声的工况，通过开环测速处理软件对其进行信号处理分析，提取载波频率，比较估计的载波频率与实际的载波频率的一致性水平，用于直观评估开环测速算法性能。

1. 未加噪声信号仿真验证

首先，进行无噪声条件下的信号仿真。进行了多组仿真验证，选取其中一组来展示仿真验证过程。深空探测器下行仿真信号的数学表达式如式（3.1）所示，仿真信号的天空频率设置为 1 040 kHz，多普勒频率设置为 $5.0×t_i$，信号的初始相位为 0.2 rad，采样频率设置为 4 MHz。仿真信号的持续时间长度为 10 s。在利用开环测速软件对其信号处理过程中，n_{fft} 设置为 20k，即 20 000，分段数 K 设置为 20。未加噪声的仿真信号频谱如图 3.7 所示，从图中可以看出只有 1 条明显的频率谱线。图 3.8 显示了利用分段建模本地相关方法将本地重构信号与仿真信号进行互相关后获取的残余互相关相位。图 3.9 显示了通过分段建模本地相关方法进行信号处理后得到的估计频率结果与理论频率结果，均按照 1 s 结果进行显示，即分段建模本地相关的积分时间为 1 s。图 3.10 显示了估计频率与理论频率的差异，可以看出，这个差异非常小，仅为 $1.25 × 10^{-3}$ mHz，且在 10 s 范围内并无变化，原因在于此时并没有噪声，此处的微小差异可能来源于计算机的阶段误差。从未加噪声的仿真验证可以看出，开环测速方法能超高精度提取信号的频率。

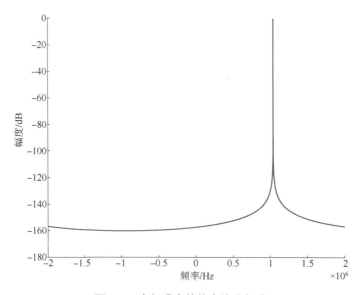

图 3.7　未加噪声的仿真信号频谱

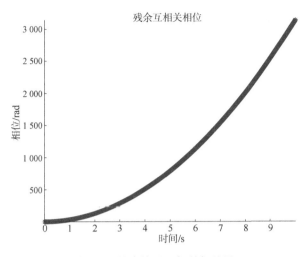

图 3.8　仿真信号互相关相位图

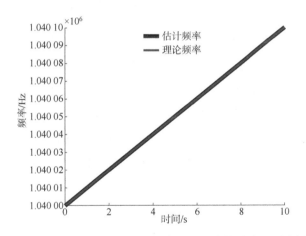

图 3.9　无噪声条件下的估计频率与理论频率的对比（附彩插）

2. 加噪声信号仿真验证

在真实的应用中，地面测站接收到的下行无线电信号包含测量噪声，为进一步验证开环测速方法的有效性，在仿真过程中加入不同噪声，验证估计频率与理论频率的差异。本节采用了 6 组仿真，分别加入不同信噪比的高斯白噪声在正弦载波信号中。信噪比（SNR）的定义为：信号功率与噪声功率的比值，单位为 dB。在 6 组仿真中，信号的信噪比从 -20 dB 到 10 dB，仿真中，信号的天空频率仍然为 1 040 kHz，多普勒频率为 $5.0 \times t_i$，初始相位为 0.2 rad，信号采样频率为

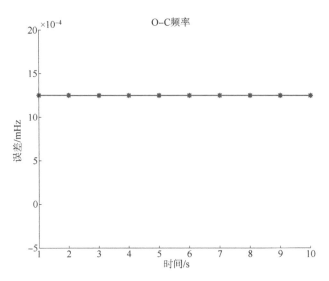

图 3.10 无噪声条件下的估计频率与理论频率之差

4 MHz。仿真过程进行多次验证,这里列举其中一次进行说明,此时 SNR 等于 −10 dB。图 3.11 显示了加噪声后的仿真信号频谱。在利用开环测速软件对其信号进行处理过程中,n_{fft} 设置为 20k,分段数 K 设置为 40。图 3.12 显示了估计频率与理论频率的比对情况,图 3.13 显示了估计频率与理论频率之差,可以看出此时 10 s 内的测量误差在 −2~4 mHz,其 10 s 内的测量误差的均方根为 2.185 mHz,因此同样有效验证了开环测量算法对于低信噪比条件下的频率提取具有高精度特性。

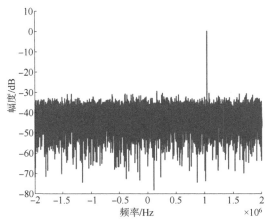

图 3.11 加噪声后的仿真信号频谱

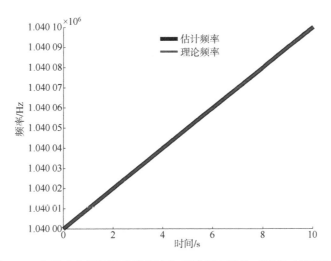

图 3.12 加噪声条件下的估计频率与理论频率的比对情况（附彩插）

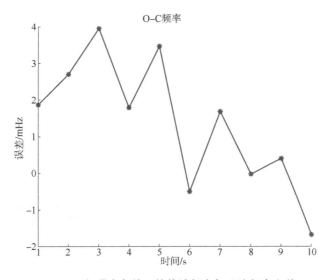

图 3.13 加噪声条件下的估计频率与理论频率之差

因为 n_{fft} 与 K 非常重要，不同设置将带来不同的频率估计测量误差，在 6 组仿真中采样了不同的参数设置来验证此特性。这里一次信号处理的长度等于 $n_{fft} \times K$。在仿真中，固定 n_{fft} 为 20k，K 的取值范围为 5~100 的离散形式，因此 6 次仿真中每次信号处理的长度范围为 12.5~400 ms。当经过运算得到频率估计结果后，通过插值方式，将估计结果均按照 1 s 间隔进行输出，即可认为处理过程的积分时间为 1 s，这样便于比对分析。图 3.14 显示了在不同 SNR 条件下测量误差精度，从图中可以非常明显地看出，SNR 越高，开环测速的测量误差就越小，而且测量精度越高。SNR 对于测量精度较敏感，通过设置每次信号处理长度参数，可以有效提高测量精度，但并非每次信号处理长度越大越好，原因在于测量精度除了与 SNR 相关外，还与信号的动态变化特性相关。在此仿真中，信号的动态变化特性是一个固定方式，在实际过程中，有可能信号的变化特性在一段时间内有变化，这就要求我们在实际处理过程中选取合适的参数，例如 n_fft 与 K，才能最有效提高测量精度。简而言之，通过以上仿真，有效验证了本开环测速算法的有效性。

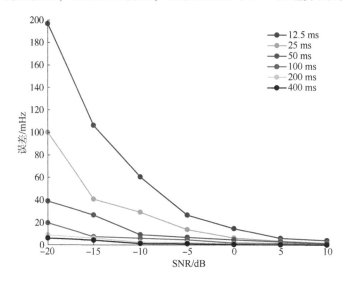

图 3.14 不同 SNR 条件下的测量误差统计（附彩插）

3.3 基于三点 CZT 谱的深空开环测速方法

深空探测器下行信号一般可建模为高斯白噪声下单一正弦信号，不失一般性，假设信号幅度为 1：

$$x(n) = e^{j\left(2\pi \frac{k_0}{N} n t_s + \phi_0\right)}, n = 0, 1, \cdots, N-1; k_0 = N f_0 / f_s \quad (3.19)$$

其中，f_0 和 ϕ_0 分别为信号频率和初始相位，f_s 为采样频率，N 为采样点数。对 $x(n)$ 做 DFT 变换：

$$X(k) = \sum_{n=0}^{N-1} x(n) e^{-j\frac{2\pi}{N} kn} = \frac{\sin(\pi(k-k_0))}{\sin\left(\frac{\pi}{N}(k-k_0)\right)} e^{j\left[\phi_0 - \left(1-\frac{1}{N}\right)(k-k_0)\pi\right]}, k = 0, 1, \cdots, N-1 \quad (3.20)$$

则 DFT 的频谱分辨率 $\Delta f = f_s/N$。

由于 FFT 的栅栏效应，信号真实频率可表述为 $f_0 = k_0 \Delta f = (k_p + \delta) \Delta f$，其中，$k_p = [k_0]$ 为最接近 k_0 的整数，$k_p \in [0, N-1]$，对应 $X(k)$ 峰值谱线的位置；$\delta \in (-0.5, 0.5]$ 为频率偏差。于是频率估计问题就转化为利用 $X(k)$ 的谱线信息得到频率偏差估计值 $\hat{\delta}$，然后即可得到频率估计值：$\hat{f}_0 = (k_p + \hat{\delta}) \Delta f$。正弦信号经典频率估计算法主要用到主峰及两侧谱线，这三根谱线占了频谱的绝对大部分能量，即使在频率偏差最大时（最差情况），所占比例也超过了 85%。经 FFT 后，频谱峰值谱线的信噪比最大可改善 N 倍（频率偏差为 0.5 时，信噪比改善降为 $0.64N$）。由于 FFT 的栅栏效应和截断引入的频谱泄露，基于 DFT 频谱系数的频率估计性能与 CRLB 存在明显的恶化，同时由于频率估计是非线性估计，存在一个信噪比门限，低于门限时估计性能显著下降。CZT 变换可在 FFT 频谱的基础上对感兴趣的频率区域进行细化分析，如图 3.15 所示，可以看出，同一信号的 CZT 频率分辨率进一步提高，频谱幅度也相对明显增加。本节基于这一特点，提出了一种基于 CZT 频谱的频率估计方法。

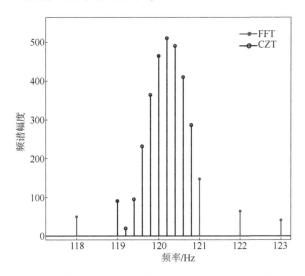

图 3.15 同一信号 FFT 频谱与 CZT 频谱对比（CZT 频谱细化因子为 10)

3.3.1 算法原理

由 CZT 的定义可得：

$$X(k) = \sum_{n=0}^{N-1} x(n) e^{-jn(\theta_0 + k\varphi_0)}, \quad k = 0, 1, \cdots, M-1 \qquad (3.21)$$

其中，M 为频谱细化因子；$\theta_0 = 2\pi \dfrac{k_{st}}{N}$，为频谱细化起始频率；$\varphi_0 = \dfrac{2\pi L}{NM}$，为 CZT 谱分辨率，其中 L 为 CZT 频谱带宽因子，CZT 频谱带宽 $B = 2\pi L/N$；由 CZT 原理可知 $L < M$。

经推导，CZT 频谱公式为：

$$X(k) = e^{j\left[\phi_0 + \left(1 - \frac{1}{N}\right)(k_0 - k_{st} - Lk/M)\right]} \dfrac{\sin\pi(k_0 - k_{st} - Lk/M)}{\sin\dfrac{\pi}{N}(k_0 - k_{st} - Lk/M)} \qquad (3.22)$$

对上式求绝对值，并进行转换：

$$|X(k)| = \left|\dfrac{\sin\pi(k_0 - k_{st} - Lk/M)}{\sin\dfrac{\pi}{N}(k_0 - k_{st} - Lk/M)}\right| = \left|\dfrac{\sin\dfrac{L\pi}{M}\left(k - \dfrac{M}{L}(k_0 - k_{st})\right)}{\sin\dfrac{L\pi}{MN}\left(k - \dfrac{M}{L}(k_0 - k_{st})\right)}\right|$$

$$= \left|\dfrac{\sin\dfrac{L\pi}{M}(k - k'_0)}{\sin\dfrac{L\pi}{MN}(k - k'_0)}\right| \qquad (3.23)$$

式中，$k'_0 = \dfrac{M}{L}(k_0 - k_{st})$，表示信号频率在 CZT 频谱中的真实位置。

设 CZT 频谱幅度峰值谱线位于 k_p，且满足 $k'_0 = k_p + \delta$，$|\delta| \leq 0.5$，则最大的三根谱线幅度分别为：

$$\begin{cases} |X(k_p)| = \left|\dfrac{\sin\dfrac{L\pi}{M}\delta}{\sin\dfrac{L\pi}{MN}\delta}\right| = \dfrac{\sin\dfrac{L\pi}{M}\delta}{\sin\dfrac{L\pi}{MN}\delta} \\[2ex] |X(k_p+1)| = \left|\dfrac{\sin\dfrac{L\pi}{M}(1-\delta)}{\sin\dfrac{L\pi}{MN}(1-\delta)}\right| = \dfrac{\sin\dfrac{L\pi}{M}(1-\delta)}{\sin\dfrac{L\pi}{MN}(1-\delta)} \\[2ex] |X(k_p-1)| = \left|\dfrac{\sin\dfrac{L\pi}{M}(1+\delta)}{\sin\dfrac{L\pi}{MN}(1+\delta)}\right| = \dfrac{\sin\dfrac{L\pi}{M}(1+\delta)}{\sin\dfrac{L\pi}{MN}(1+\delta)} \end{cases} \qquad (3.24)$$

由于 $L<M$, $\sin\frac{L\pi}{MN}\delta \approx \frac{L\pi}{MN}\delta$, $\sin\frac{L\pi}{MN}(1\pm\delta) \approx \frac{L\pi}{MN}(1\pm\delta)$

$$\begin{cases} |X(k_p)|\frac{L\pi}{MN}\delta = \sin\frac{L\delta\pi}{M} \\ |X(k_p+1)|\frac{L\pi}{MN}(1-\delta) = \sin\frac{L\pi}{M}(1-\delta) = \sin\frac{L\pi}{M}\cos\frac{L\delta\pi}{M} - \cos\frac{L\pi}{M}\sin\frac{L\delta\pi}{M} \\ |X(k_p-1)|\frac{L\pi}{MN}(1+\delta) = \sin\frac{L\pi}{M}(1+\delta) = \sin\frac{L\pi}{M}\cos\frac{L\delta\pi}{M} + \cos\frac{L\pi}{M}\sin\frac{L\delta\pi}{M} \end{cases}$$

(3.25)

则

$$|X(k_p-1)|\frac{L\pi}{MN}(1+\delta) - |X(k_p+1)|\frac{L\pi}{MN}(1-\delta) = 2\cos\frac{L\pi}{M}\sin\frac{L\delta\pi}{M}$$
$$= 2\cos\frac{L\pi}{M}|X(k_p)|\frac{L\pi}{MN}\delta \quad (3.26)$$

消除公共因子,并整理可得:

$$\left[2\cos\frac{L\pi}{M}|X(k_p)| - \left(|X(k_p+1)| + |X(k_p-1)|\right)\right]\delta$$
$$= |X(k_p-1)| - |X(k_p+1)| \quad (3.27)$$

$$\hat{\delta} = \frac{|X(k_p-1)| - |X(k_p+1)|}{2\cos\frac{L\pi}{M}|X(k_p)| - \left[|X(k_p+1)| + |X(k_p-1)|\right]} \quad (3.28)$$

$$\hat{k}_0 = k_{st} + \frac{L}{M}(k_p + \hat{\delta}) \quad (3.29)$$

$$\hat{f}_0 = \frac{f_s}{N}\left[k_{st} + \frac{L}{M}(k_p + \hat{\delta})\right] \quad (3.30)$$

利用所提算法进行频率估计主要包括以下步骤:对信号进行 FFT 变换,并搜索峰值谱线位置;设定 CZT 细化因子,分析起始频率和终止频率,从而得到分析带宽范围(即 L);对信号进行 CZT 变换,并搜索峰值谱线位置;利用式(3.28)进行频率偏差估计,由式(3.29)、式(3.20)得到频率精细估计。获取高精度载波频率估计后,利用 3.2 节中式(3.17)与式(3.18),实现开环测速观测量生成。

3.3.2 仿真验证

假设采样频率 $f_s = 1\,024$ Hz,采样点数 $N = 1\,024$,则 FFT 频谱分辨率为 1 Hz;

信号基准频率 $f_0 = 120$ Hz（信号频率以此为基准，按照一定步长变化）；CZT 起始频率起点为 119 Hz，截止频率为 121 Hz，即 CZT 分析带宽为 2 Hz，$L = 2$；细化因子 M 为 10，则 CZT 频谱分辨率为 0.2 Hz；信号频率偏差范围为 0~0.5 Hz，相应 0~0.5 倍 FFT 频谱分辨率；蒙特卡洛仿真次数为 10 000。每一种信噪比下频率估计偏差和随机误差由下式统计给出：

$$\sigma_f = \frac{1}{N_\delta N_{MC}} \sum_{i=1}^{N_\delta} \sum_{j=1}^{N_{MC}} (\hat{f}_j - f_i)^2$$

$$\Delta_f = \frac{1}{N_\delta N_{MC}} \sum_{i=1}^{N_\delta} \sum_{j=1}^{N_{MC}} (\hat{f}_j - f_i)$$

(3.31)

其中，N_δ 为频率值的个数，这里等于 21；N_{MC} 是蒙特卡洛仿真次数；$f_i = f_0 + \delta_i$ 表示每次频率偏差变化时信号的真实频率，$\delta_i = (i-1) \times 0.025$ Hz。仿真结果如图 3.16 所示。由图 3.16 上图可以看出，不同信噪比条件下，频率估计偏差在

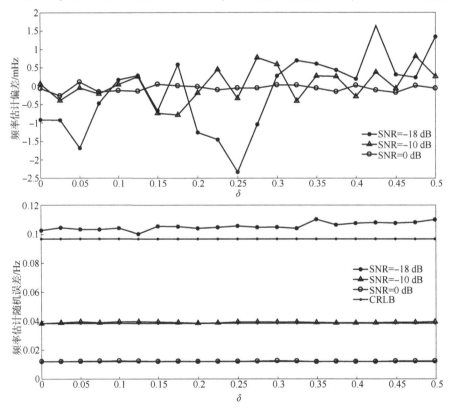

图 3.16　不同频率偏差下所得频率估计偏差、随机误差及与 CRLB 的对比

0 Hz附件抖动,且基本不随频率偏差而明显变化,三种信噪比下频率估计偏差均值分别为-0.191 8 mHz、0.032 7 mHz、-0.062 1 mHz,说明所提算法是无偏估计的。图 3.16 说明,信噪比较高时(-10 dB 和 0 dB)频率估计误差与 CRLB(图中三条点实线)基本重合;信噪比为-18 dB 时,频率估计误差略微高于 CRLB。三种信噪比下,频率估计误差与 CRLB 的比值分别为 1.090 5、1.017 3、1.009 5。

仿真参数设置如前,图 3.17 给出了频谱细化因子变化时算法频率估计性能,从图中可以看出,不同频谱细化因子下,频率估计误差性能基本一致,且均与 CRLB 重合。说明所提算法性能基本不受频谱细化因子影响。

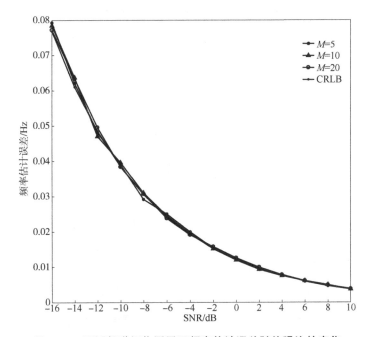

图 3.17　不同频谱细化因子下频率估计误差随信噪比的变化

进一步,与经典算法的性能进行对比(Rife 算法、AM 算法、Candan 算法、Macleod 算法),仿真参数如前设置,结果如图 3.18 所示。

由图 3.18 可以看出,在上述几种算法中能得出以下结论:

(1)抗噪声能力。从频率估计偏差和随机误差来看,几种对比算法均存在明显的信噪比阶跃点,如 Macleod 算法在 SNR=-13 dB 时,估计偏差和误差均显著降低,高于该信噪比时,频率估计误差接近 CRLB。而所提算法在整个仿真信

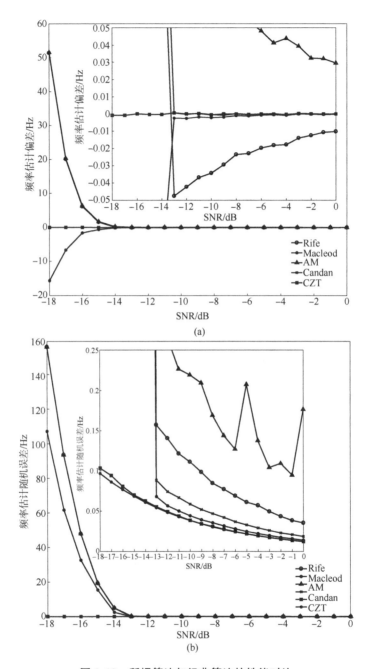

图 3.18 所提算法与经典算法的性能对比

(a) 频率估计偏差;(b) 频率估计随机误差

噪比区间内估计性能比较稳定，说明算法的抗噪声能力较强；且在低信噪比区间（信噪比小于 -13 dB），估计性能无明显恶化，说明所提算法处理弱信号能力较强。

（2）估计偏差。Rife 算法、Macleod 算法和 AM 算法在信噪比大于 -13 dB 时，频率估计偏差显著降低，但 Rife 算法和 AM 算法仍然存在明显估计偏差；Macleod 算法和 Candan 算法的频率估计偏差基本为零，在性能稳定的信噪比区间，两种算法的频率估计偏差均值分别约为 0.1 mHz 和 1 mHz。而所提算法在信噪比 -20 dB 时，估计偏差约 1 mHz，对所有信噪比条件下频率估计偏差求平均，均值约 0.06 mHz，明显优于其他几种算法。

（3）随机误差方面。其他几种算法在信噪比大于 -13 dB 时，频率估计随机误差趋于稳定，Macleod 算法性能最优，约为 1.162 6 倍 CRLB，其次为 Candan 算法，频率估计随机误差约为 1.535 2 倍 CRLB，Rife 算法的频率估计随机误差约为 2.876 0 倍 CRLB。而所提算法的频率估计随机误差约为 1.022 6 倍 CRLB。

因此，从抗噪声能力、频率估计偏差和随机误差三个方面对比说明，所提基于三点 CZT 谱的深空开环多普勒频率估计算法的频率估计性能最优。

3.4　瞬时与积分多普勒频率观测量比较

开环测速可获取瞬时多普勒频率估计结果，深空站基带测速设备可获取积分多普勒频率估计结果。这里主要分析瞬时多普勒频率与积分多普勒频率的表征异同。从多普勒频率物理意义上讲，瞬时多普勒频率与积分多普勒频率均为多普勒频率，反映深空探测器相对于地面测站的相对运动速度关系，因此，对于深空探测器定轨等应用而言，两类多普勒频率在定轨应用中无本质差别，均作为时间序列输入进行应用。

瞬时多普勒频率与积分多普勒频率在获取方式上存在着差异。

积分多普勒：积分多普勒结果通过 PLL 技术予以实现，地面测站天线接收到的深空探测器载波信号经过放大、下变频后的中频信号作为输入信号进入基带设备，通过基带设备中的 PLL 对输入信号进行相位检测，得到累积载波相位，累积载波相位对于时间求导数，即得到载波信号的频率估计，进而获得反映深空探测器与地面测站相对运动关系的多普勒频率。此时得到的积分多普勒观测量是一段积分时间内的平均多普勒观测值。

瞬时多普勒：瞬时多普勒结果是通过上一节中的开环测速信号处理算法予以实现，表示在某一具体时刻点上估计出的载波接收频率瞬时值。与此同时，开环测速多普勒频率可按一定时间平均值给出，即可将时间间隔密集的瞬时频率，按照一段时间取平均值给出，这里就有了类似积分时间的概率。例如，在实际应用中，通常开环测速多普勒频率与基带测速积分多普勒频率，均按照 1 s 时间间隔，生成观测量结果。

3.5　本章小结

本章首先介绍了深空开环多普勒测量的基本原理；接着重点介绍了研究提出的基于分段建模本地相关的深空开环多普勒测速信号处理算法，着重对算法的细节实现与创新点进行了详细阐述，然后介绍了深空开环多普勒测速自研软件设计与实现，并通过信号仿真来验证了深空开环多普勒测速算法与软件的性能；随后详细介绍了提出的基于三点 CZT 谱的深空开环多普勒频率估计方法，阐述了其算法原理，并通过仿真验证；最后比对分析了传统通过 PLL 技术多普勒测速与深空开环多普勒测速之间的异同之处。

第 4 章

深空无线电测速误差修正

4.1 深空无线电测速误差因素分析

深空无线电测速的主要误差有以下 3 类：

(1) 仪器误差。具体包括：①由地面或深空探测器引入的随机误差；②与有限信噪比相关的相位波动；③由地面和深空探测器电子设备引起的噪声；④深空探测器或地面测站的未建模体运动噪声；⑤频率标准噪声；⑥下行链路参考的航天器振荡器噪声；⑦天线机械噪声。

(2) 传播介质误差。具体包括：①由无线电波相位闪烁引起的沿视线方向的折射率波动，进而引起的随机频率/相位波动；②对流层误差；③电离层误差；④行星际等离子误差。

(3) 系统误差。分析测量仪器噪声、传播介质噪声和系统误差，建立了无线电测速精度估计方法，可为深空探测器多普勒测量提供有效参考。

多普勒测速误差与频率误差的关系如下式所示：

$$\sigma_f = \begin{cases} \dfrac{f_c}{c}\sigma_V, \text{单向} \\ \dfrac{2f_c}{c}\sigma_V, \text{双向/三向} \end{cases} \tag{4.1}$$

其中，σ_V 为速度标准差；c 为真空光速；f_c 为下行载波频率；σ_f 为频率标准差。双向及三向的因子 2 主要是由于 σ_V 和 σ_f 为下行和上行总的速度和频率标准差。多普勒测速误差主要由天线接收机热噪声、时钟稳定性和太阳等离子体相位闪烁等引起，其他误差源比如设备误差影响较小（0.003 mm/s@60 s），可忽略不计；传播介质误差可能引入测速偏差等。

1. 天线接收机热噪声误差

对于单向多普勒测速,仅下行链路的热噪声引入测速误差。此时,测速误差表示式为:

$$\sigma_V = \frac{\sqrt{2}c}{2\pi f_c T \sqrt{SNR}} \quad (4.2)$$

其中,T 为多普勒测量积分时间,单位为 s;SNR 为载波环路信噪比。双向测速时,上行链路和下行链路的热噪声均引入测速误差,可如下式所示:

$$\sigma_V = \frac{c}{2\pi \sqrt{2SNR} f_c T} \quad (4.3)$$

2. 时钟稳定性误差

无线电跟踪测量中的一个典型误差源即是时钟稳定性。在多普勒测量中,接收信号与本地参考信号混频,那么本地参考信号相对标称信号的频率误差均转化为多普勒频率误差。比如,在单向测速中,星上振荡器产生参考信号,发送至地面测站接收。目前星上晶振稳定度最优达到 1×10^{-13}@1 000 s。经过长时间间隔,晶振的稳定性显著变差,相对标称频率 f 产生一个未知常数的频率偏差 Δf,并转化为测速误差:

$$\Delta \dot{\rho} = c \frac{\Delta f}{f} \quad (4.4)$$

在双向测速中,发射和接收的频率标准相同,且一般采用氢原子钟,频率稳定性更高,一般达到 1×10^{-15} 量级,可用两点阿伦方差表征。

$$\sigma_y^2(\tau) = \frac{1}{2} \langle (\bar{y}_{k+1} - \bar{y}_k)^2 \rangle \quad (4.5)$$

其中,$\bar{y}_k$、$\bar{y}_{k+1}$ 是相邻时间间隔 τ 的小数频率偏差(fractional frequency deviation),<>代表平均。小数频率偏差是指平均时间间隔结束时刻的时钟相位误差减去时间间隔开始时刻的时钟相位误差,除以标称频率与时间间隔的乘积。测速误差可如下表述:

$$\Delta \dot{\rho} = c(\bar{y}_{k+M} - \bar{y}_k) \quad (4.6)$$

多普勒误差依赖于在时间间隔 τ 和 $M\tau$ 的时钟阿伦方差,其中 $M\tau$ 为往返光行时(Round Trip Light Time,RTLT)。DSN 氢原子钟在 60~1 000 s 时间尺度上表现为白噪声,在 1 000 s~12 h 时间尺度上表现为闪烁噪声。对于多普勒计数时间 τ,小于 RTLT(此时 RTLT<1 000 s)时,时钟稳定性引入的测速误差可表述为:

$$c\langle(\bar{y}_{k+M}-\bar{y}_k)^2\rangle^{1/2} = \sqrt{2}c\sigma_y(\tau) \tag{4.7}$$

当多普勒计数时间 τ 和 RTLT 在 1 000 s~12 h 时，时钟稳定性引入的测速误差可表述为：

$$c\langle(\bar{y}_{k+M}-\bar{y}_k)^2\rangle^{1/2} = \sqrt{2+\log_2 M}\, c\sigma_y(\tau) \tag{4.8}$$

其中，$M=\text{RTLT}/\tau$。DSN 氢原子钟的阿伦方差典型值为 8×10^{-15}@60 s、1×10^{-15}@1 000 s。因此，时钟稳定性引入的测速误差相对其他误差源（比如对流层延迟误差）可忽略不计。

3. 相位闪烁误差

电磁波穿越太阳系等离子体区将受相位闪烁影响，从而对多普勒频率测量产生随机误差，该误差与太阳-地球-探测器（Sun-Earth-Probe，SEP）角度 θ_{SEP}、载波频率 f_c、积分时间 T 等有关，多普勒测速误差可通过下式进行估计：

$$\sigma_V^2 = \begin{cases} \dfrac{0.53 C_{\text{band}} c^2}{f_c^2 T^{0.35}[\sin(\theta_{\text{SEP}})]^{2.45}}, & 0°<\theta_{\text{SEP}}\leq 90° \\ \dfrac{0.53 C_{\text{band}} c^2}{f_c^2 T^{0.35}}, & 90°<\theta_{\text{SEP}}\leq 180° \end{cases} \tag{4.9}$$

C_{band} 是无量纲的数，与下行频率有关。对于单向测速，不同频段取值如下式所示：

$$C_{\text{band}} = \begin{cases} 2.6\times10^{-5}, & \text{S 频段下行} \\ 1.9\times10^{-6}, & \text{X 频段下行} \\ 1.3\times10^{-7}, & \text{Ka 频段下行} \end{cases} \tag{4.10}$$

对于双向/三向测速，不同频段取值如下式所示：

$$C_{\text{band}} = \begin{cases} 6.1\times10^{-5}, & \text{S 频段上行/S 频段下行} \\ 4.8\times10^{-4}, & \text{S 频段上行/X 频段下行} \\ 2.6\times10^{-5}, & \text{X 频段上行/S 频段下行} \\ 5.5\times10^{-6}, & \text{X 频段上行/X 频段下行} \end{cases} \tag{4.11}$$

该模型对于二进制相移键控（Binary Phase Shift Keying，BPSK）遥测跟踪时的残余载波或抑制载波的测量是有效的；对四相相移键控（Quadrature Phase Shift Keying，QPSK）或偏置正交相移键控（Offset Quadrature Phase Shift Keying，OQPSK）遥测跟踪时的残余载波或抑制载波的测量是有效的。图 4.1 给出了 S 频段和 X 频段相位闪烁引起的测速误差。可以看出，θ_{SEP} 越大、积分时间越长、载波频率越高,测速误差越小。

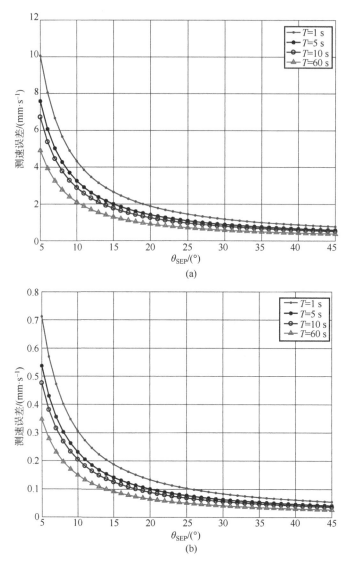

图 4.1 太阳等离子相位闪烁引入的测速误差

(a) S 频段;(b) X 频段

4. 介质延迟误差影响分析

通常介质延迟主要对测距影响显著,但从物理意义上看,速度等于距离在单位时间内的差分,因此介质对测速也存在影响。大气介质影响主要包括中性大气和地球电离层影响,对于 X 频段,中性大气即对流层影响较为突出。假设真实距离值为 $R_0(t)$,对流层延迟值为 $R_{\text{trop}}(t)$,实际观测值为 $R_{\text{msr}}(t)$,则

$$R_{\text{msr}}(t) = R_0(t) + R_{\text{trop}}(t) \tag{4.12}$$

从而可得速度的测量值为:

$$V_{\text{msr}}(t) = \frac{\mathrm{d}R_{\text{msr}}(t)}{\mathrm{d}t} = \frac{\mathrm{d}R_0(t)}{\mathrm{d}t} + \frac{\mathrm{d}R_{\text{trop}}(t)}{\mathrm{d}t} = V_0(t) + V_{\text{trop}}(t) \tag{4.13}$$

假如在观测时间内,对流层延迟较为平稳,则经差分处理,对流层延迟可基本消除。但在深空探测中,随着深空探测器的运动和地球的自转,地面测站观测仰角逐渐变化,对流层延迟也相应变化。下面通过对流层延迟实测数据和经典模型进行分析。

图 4.2 给出了我国首次火星探测任务——"天问一号"(Tianwen-1)火星探测任务期间佳木斯深空站对流层延迟随仰角的变化情况。可以看出,仰角越高,对流层延迟值越小。

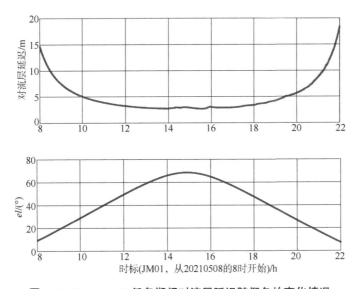

图 4.2 Tianwen-1 任务期间对流层延迟随仰角的变化情况

对流层延迟根据产生原因不同可分为干延迟和湿延迟,其中干延迟由大气中的干燥气体引起,较为稳定,约占总延迟的 90%;湿延迟主要由水汽引起,具有时变性,约占总延迟的 10%。对流层延迟采用天顶延迟和映射函数建模是目前较为广泛的处理方法,即地面测站在仰角 el 方向的对流层延迟由测站天顶延迟与天顶方向到视线方向的映射函数的乘积得到,如式(4.14)所示:

$$D(el) = \text{DZD} \cdot \text{MFD}(el) + \text{DZW} \cdot \text{MFW}(el) \tag{4.14}$$

式中，DZD 为对流层干分量天顶延迟（Dry Zenith Tropospheric Delay，DZD），DZW 为对流层湿分量天顶延迟（Wet Zenith Tropospheric Delay，DZW）；MFD(el)、MFW(el) 分别为对流层延迟干分量、湿分量的映射函数。

常用的对流层天顶延迟模型包括 Hopfiled 模型、Saastamoinen 模型、EGNOS 模型等。Hopfiled 模型和 Saastamoinen 模型应用较为广泛。Hopfiled 模型未考虑测站高程影响，对高海拔地区的估计存在偏差；Saastamoinen 模型采用中纬度地区的美国大气模式（1966）构建，干延迟精度达到 mm 量级；EGNOS 模型和 Saastamoinen 模型的处理精度相当，但适用范围较小，全球范围内模型精度不均匀。Niell 映射函数（Niell Mapping Function，NMF）奠定了目前映射函数的基础，对映射函数的发展起到了非常重要的作用。NMF 采用北美、欧洲、日本和南美洲等地区 26 个测站的探空数据建立，只需年积日和测站坐标作为输入，同时考虑了南北半球和季节性的非对称性，在仰角 3°～12°时，NMF 的误差小于 4 mm。图 4.3 给出了观测仰角变化时，对流层延迟及其变化的情况。可以看出，在低仰角时，对流层延迟差分值达到 0.3 m/s，随着仰角增加，对流层延迟差分值逐渐

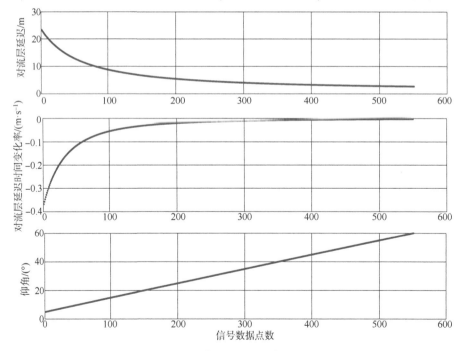

图 4.3 对流层延迟影响分析

减小，当仰角为60°时，对流层延迟差分值约为2.6 mm/s。因此介质延迟在无线电测速中引入了较为明显的偏差量。

4.2 深空无线电测速对流层延迟误差修正及验证

由4.1节分析可知，对流层延迟误差是测速误差的主要来源。针对对流层延迟经典映射函数NMF在我国深空站对流层延迟修正精度较低、影响深空探测器无线电开环测量精度的问题，本节提出了基于最小二乘算法的对流层映射函数核心响应参数区域最优化设置方法，首先采用数值分析方法确定映射函数核心响应参数，然后利用最小二乘算法对地面测站历史数据进行处理，实现了核心响应参数的区域最优化设置，构建了区域对流层延迟映射函数，有效提高了对流层延迟修正精度。

下面介绍高精度区域对流层映射函数构建过程。

NMF映射函数如式（4.15）所示，其中，el为仰角，H为测站大地高。

$$M_{\mathrm{dry}}(el) = \frac{1+\dfrac{a}{1+\dfrac{b}{1+c}}}{\sin(el)+\dfrac{a}{\sin(el)+\dfrac{b}{\sin(el)+c}}} + H \times \left(\frac{1}{\sin(el)} - \frac{1+\dfrac{a_{\mathrm{ht}}}{1+\dfrac{b_{\mathrm{ht}}}{1+c_{\mathrm{ht}}}}}{\sin(el)+\dfrac{a_{\mathrm{ht}}}{\sin(el)+\dfrac{b_{\mathrm{ht}}}{\sin(el)+c_{\mathrm{ht}}}}} \right) \quad (4.15)$$

图4.4给出了当参数a、b、c以NMF经验值为基准，从0.1倍变化至100倍时映射函数的响应变化情况。可以看出，参数变化在低仰角区域（30°以下）对响应影响较大，在高仰角区域引起的响应变化较小；三个参数中，参数a变化引起的响应变化最明显，参数b变化的影响仅在仰角10°以下较为明显，参数c变化的影响相对较小。因此，参数a是影响NMF性能的核心响应参数，可利用地面测站实测数据重点研究参数a的最佳值。

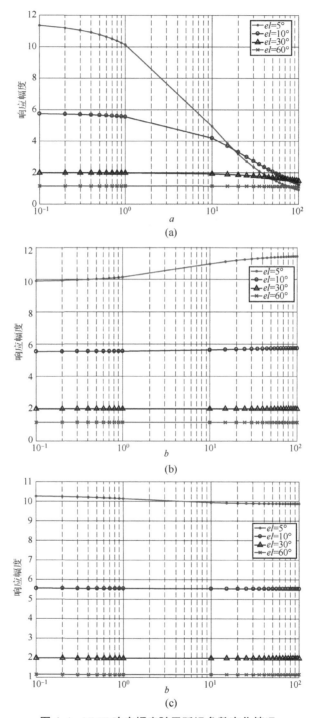

图 4.4 NMF 响应幅度随干延迟参数变化情况

(a) 参数 a 影响；(b) 参数 b 影响；(c) 参数 c 影响

进一步,以参数 a 为自变量,求解 NMF 的偏导数,可得:

$$\frac{\partial M_{\text{dry}}(a)}{\partial a} = \left(\frac{E^2+cE+b}{1+b+c}\right) \cdot$$

$$\left(\frac{(1+c)((E^2+a)(E+c)+bE)-(E+c)((1+a)(1+c)+b)}{((E^2+a)(E+c)+bE)^2}\right) \quad (4.16)$$

式中,$E=\sin(el)$。将 NMF 在初始经验值 a_0 处展开,可得:

$$M_{\text{msr}} = M_{\text{dry}}(a_0) + \frac{\partial M_{\text{dry}}(a)}{\partial a}\bigg|_{a=a_0}(a-a_0) \quad (4.17)$$

设 $\Delta M = M_{\text{msr}} - M_{\text{dry}}(a_0)$,$\Delta a = a - a_0$,$H = \dfrac{\partial M_{\text{dry}}(a)}{\partial a}\bigg|_{a=a_0}$,根据最小二乘估计原理,并结合实测数据,可得参数 a 的区域最优值,并以此修正 NMF。

$$\hat{a} = a_0 + \Delta a, \Delta a = (\boldsymbol{H}^{\text{T}}\boldsymbol{H})^{-1}\boldsymbol{H}^{\text{T}}\Delta M \quad (4.18)$$

NMF 参数修正前后,我国深空站对流层延迟估计偏差如图 4.5 所示,图 4.5(a)、(b)中上图为实测值与估计值的差,下图为观测仰角。可以看出,NMF 修正后,在观测仰角高于 30°时,对流层延迟估计偏差由 0.4 ns 降为 0.2 ns,修正精度提升 1 倍;在观测仰角 10°时,对流层延迟估计偏差由 2.5 ns 降为 0.3 ns,修正精度提升约 10 倍;在观测仰角为 5°时,对流层延迟估计偏差

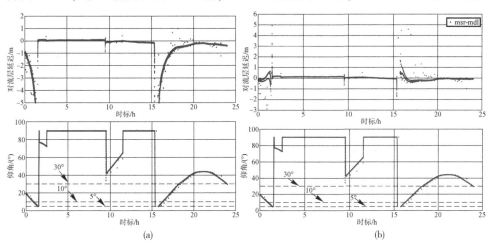

图 4.5 对流层延迟估计值与实测值对比(20181215)

(a)初始模型延迟值与实测值对比;(b)改进模型延迟值与实测值对比

改善更为显著。

对流层延迟变化率直接影响测速观测量。利用我国首次火星探测任务环火段数据,分析对流层延迟模型引入的测速误差。首先选择深空探测器观测弧段,为了消除实测数据观测误差影响,以对流层延迟实测数据为真值,平滑差分处理得到对流层延迟率的真值。然后分别以经典 NMF 模型(ori mdl)和本节提出的改进模型(proposed mdl)进行对流层延迟建模,差分处理得到对流层延迟率模型值;最后,将两种模型分别与真值作差,得到模型延迟率偏差。2021 年 5 月 18 日至 5 月 30 日观测期间,经典 NMF 模型与改进模型延迟率最大偏差结果如表 4.1 所示(每 2 天一次、连续观测);2021 年 6 月 9 日、10 日两次试验结果如图 4.6 所示。可以看出,改进模型延迟率偏差明显优于经典 NMF 模型延迟率偏差,而且仰角越低,改善量越显著。无论两次试验还是试验之前观测,改进模型延迟率偏差最大值均达到 0.01 mm/s 量级,可有效应用于开环测速超高精度修正。

表 4.1 对流层延迟经典模型与改进模型时延率最大偏差汇总

日期	经典模型延迟率最大偏差/(mm·s^{-1})		改进模型延迟率最大偏差/(mm·s^{-1})	
	JM01	KS01	JM01	KS01
2021.05.18	0.086	0.024	0.040	0.006
2021.05.20	0.086	0.023	0.043	0.015
2021.05.22	0.210	0.026	0.060	0.005
2021.05.24	0.125	0.088	0.008	0.008
2021.05.26	0.244	0.044	0.095	0.011
2021.05.28	0.303	0.022	0.074	0.002
2021.05.30	0.293	0.070	0.067	0.010

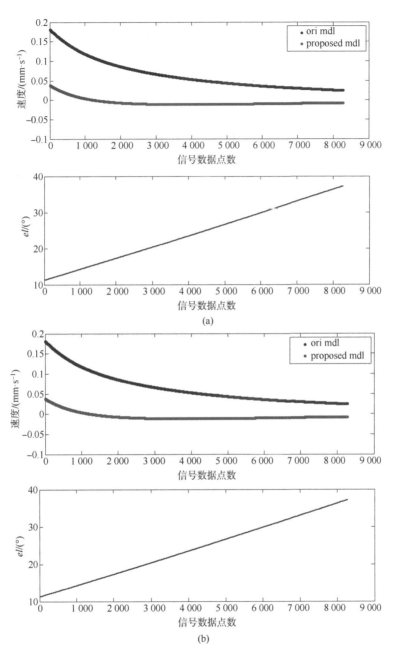

图 4.6 不同对流层延迟模型延迟率与实测值对比（附彩插）

（a）2021.06.09；（b）2021.06.10

4.3　本章小结

本章主要对无线电测速误差因素进行了分析，包括相位热噪声误差、时钟稳定性误差、等离子体延迟误差、介质延迟误差等，并结合深空探测试验开展了介质延迟误差修正，有效改善了测速性能。

第 5 章
深空无线电测速试验应用

本章重点介绍进行开环测速观测试验方案的设计与实现,以及针对火星、木星、土星与月球探测器的实际开环测速试验任务实施,并介绍开环测速观测量支撑深空探测器精密定轨情况,同时进行开环测速与基带闭环测速比对分析。

5.1 深空开环测速观测试验方案设计

本节重点介绍从深空任务信号处理中心视角,如何设计并实现针对深空探测器的开环测速试验方案,为论述清晰,在观测方案设计过程中,以目前在轨的木星探测器朱诺号(Juno)为例,进行详细阐述。

要组织实施一次成功的深空探测器开环测速观测试验,获取高精度的开环测速结果,为深空探测器定轨与行星无线电科学研究提供高精度观测量支持,有以下四个方面的因素需要设计与考虑,分别如下:

(1) 深空探测器下行信号特性分析,包含深空探测器空间位置、工况与下行信号特性分析(即探测器因素)。

(2) 深空探测器下行信号传播链路分析,包含深空探测器与地面测站间关联位置与信号传播特性分析(即空间环境因素)。

(3) 地面测站可观测性分析,包含地面测站工况、设计指标与工作计划分析(即测站因素)。

(4) 信号采集与开环测速处理分析,包含信号采集、记录与开环信号处理分析(即信号因素)。

以上四个方面的设计因素分别简称为探测器、空间环境、测站与信号因素。

5.1.1 深空探测器下行信号特性分析

进行深空开环测速观测试验，首先需要知道深空探测器确切或者相对准确的空间位置，即深空探测器在某类空间坐标系下的位置，它的飞行轨道特性如何，处于何种飞行阶段；其次，需要知道深空目前计划观测的深空探测器的大致工作情况怎样，外测工况是否正常，何时与地面进行测控通信；最后，需要知道深空探测器下行发送信号的频点信息、星上等效全向辐射功率（Effective Isotropic Radiated Power，EIRP）信息、信号结构信息等。这些是针对深空探测器的一些基本属性先验信息，在实施开环测速观测试验前，有些信息不一定要求十分确切，但针对合作式的观测目标，各类精确的先验信息有助于开环测速试验组织实施。

以在轨木星探测器 Juno 开环跟踪为例，进行阐述。

Juno 木星探测器，是 NASA 第二个"新疆界计划"实施项目，如图 5.1 所示。Juno 由美国洛克希德·马丁公司建造，JPL 负责探测器在轨运控，美国西南研究所（SwRI）负责基于探测器的科学研究。Juno 探测器于 2011 年 8 月 5 日发射，并于 2016 年 7 月 6 日到达木星捕获轨道。因此，我们预先知道了在 2016 年 7 月 6 日之后，Juno 将成为一颗环绕木星飞行的在轨探测器，这也决定了 Juno 在空间的大致位置。

当 Juno 进入木星轨道后，经过 107 天的捕获轨道，后来进入了周期为 14 天的大椭圆科学探测轨道，其示意图如图 5.2 所示。这就是 Juno 的基本工况。

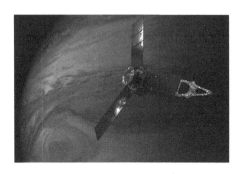
图 5.1 Juno 探测器示意图

图 5.2 JPL 设计的 Juno 科学探测轨道

Juno 的 X 频段主载波理论下行频点为 8 404.135 802 MHz，理论上行频点为 7 153.065 586 MHz。在下行主载波附近调制两类信号：一类是遥测信号，另一类是 DOR 音信号。Juno 的 X 频段主载波的 EIRP 为 87.4 dBm。这就是提前获知的 Juno 信号特性的先验信息。

Juno 何时有下行测控通信信号，可以通过 NASA 的 DSN Now 网站上测站跟踪计划来提前知晓。DSN Now 网站上显示了当前美国深空网正在实时跟踪深空探测器的情况，这也为在进行的开环测速试验提供了比对的便利条件。这就是所需设计与考虑的探测器因素。

5.1.2 深空探测器下行信号传播链路分析

深空探测器与地面测站间的空间位置与空间环境特性分析在深空开环测速试验设计中也必不可少。利用深空探测器与地面测站在同一空间参考坐标框架下的相对位置关系，用于生成对深空探测器的地面天线引导文件，用于引导地面测站天线对目标的引导与跟踪。生成的天线引导文件须满足地面测站所需的天线引导文件接口标准，确保地面测站能够自动读取引导文件，能在观测试验中完成对指定深空探测器的引导与跟踪。

依据深空探测器与地面测站间关联位置关系，可分析地面测站在某个历元时刻相对于深空探测器的可见性。以 Juno 观测为例，分析了 2016 年 10 月 20 日的地面测站对 Juno 探测器的可见性，其俯仰、方位如图 5.3、图 5.4 所示，图中红色结果为中国 AG01 深空站对 Juno 的可见性，蓝色结果为美国金石深空站对 Juno 的可见性。

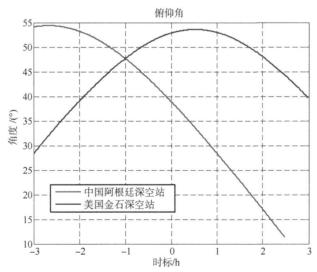

图 5.3　2016 年 10 月 20 日 Juno 近木点时刻附近的天线观测俯仰角（附彩插）

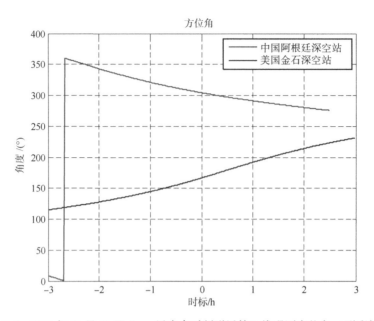

图 5.4 2016 年 10 月 20 日 Juno 近木点时刻附近的天线观测方位角（附彩插）

与此同时，在进行开环测速方案设计中，SEP 夹角需要考虑，以免太阳辐射对测控通信的影响。2016 年 10 月 20 日的 SEP 角如图 5.5 所示。

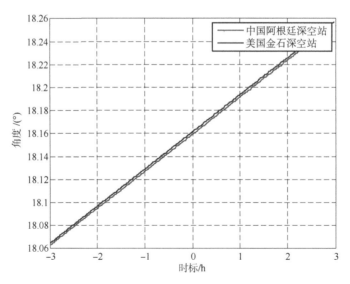

图 5.5 2016 年 10 月 20 日 Juno 近木点时刻附近测站-木星连线与测站-日心连线夹角（附彩插）

此外，依据深空探测器与地面测站间关联位置还需要计算出多普勒预报文件，为地面测站采集记录设备与基带设备的工作参数设置提供必要先验信息。

从深空探测器发射或转发的下行信号经过遥远的空间路径传播，信号在传播过程中将产生信号传播自由空间损耗，致使深空探测器下行信号的有效功率降低。这里就需要事先计算出由于传播距离引起的无线电信号传播自由空间损耗，其计算公式如式（5.1）所示：

$$L_f = 32.4 + 20\lg(d) + 20\lg(f) \tag{5.1}$$

式中，L_f 为无线电波自由空间损耗，单位为 dB；d 为自由空间的传播距离，单位为 km；f 为无线电波的频率，单位为 MHz。

以 Juno 跟踪为例，木星距离地球的距离为 6.3 亿千米至 9.6 亿千米，因为 Juno 环绕木星飞行，其轨道高度相比地木距离较小，因此按照最大的 9.6 亿千米来计算 Juno 的 X 频段信号的自由空间损耗，可以得出 X 频段信号从 Juno 传播至地面测站的自由空间损耗为 -290.53 dB。这就是所需设计与考虑的空间环境因素。

5.1.3 地面测站可观测性分析

进行开环测速试验需要地面测站深空天线处于正常可用的工况。我们除了要关注地面测站天线系统的综合设计指标，例如天线的增益温度比（Gain-to-Temperature Ratio，G/T）值，在开环测速试验方案设计过程中，还需要着重关注两项设计指标，一是等效天线口径，二是天线制冷接收机的灵敏度。可以依据等效天线口径，粗略估算天线的增益。

天线增益的计算公式如下：

$$G_r = 10 \times \lg\left[4.5 \times \left(\frac{D}{\lambda_0}\right)^2\right] \tag{5.2}$$

式中，G_r 为天线增益，单位为 dB；D 为天线口径，单位为 m；λ_0 为接收无线电波的波长，单位为 m。

$$\lambda_0 = \frac{c}{f_0} \tag{5.3}$$

式中，c 为光速，单位为 m/s；f_0 为无线电波频率，单位为 Hz。

真实天线增益还需考虑天线效率情况，其公式如下：

$$G_r = 10 \times \lg\left[\eta \times 4.5 \times \left(\frac{D}{\lambda_0}\right)^2\right] \tag{5.4}$$

式中，η 为天线效率。考虑到深空站，综合天线效率 η 的值一般为 60%～70%。

这里值得注意的是：佳木斯深空站（Jiamusi Deep Space Station，JM01）的 66 m 天线的等效天线口径为 45 m。这里取天线效率为 70%，因此可得：

JM01 的 66 m（等效口径 45 m）天线的增益估计值为 67.00 dB。

喀什深空站（Kashi Deep Space Station，KS01）与阿根廷深空站（Argentine Deep Space Station，AG01）35 m 天线的增益均为 64.80 dB。

目前国内制冷接收机的灵敏度能达到 −180 dBm（双边环路带宽为 0.1 Hz），因此利用 JM01、KS01 和 AG01 进行 Juno 的 X 频段跟踪是可行的。

要评估信号传输与接收层面的可行性，就是要计算深空探测器信号经过空间链路传播衰减后，经深空天线的接收与放大，其功率值是否能大于等于天线制冷接收机的设计指标。

同样，以 Juno 开环跟踪方案设计为例进行说明。

深空站天线低温接收机输入端功率 = 星上 EIRP − 信号自由空间损耗 + 接收天线增益

Juno 星上 EIRP 为 87.4 dBm；以最远 9.6 亿千米的信号自由空间损耗为 −290.53 dB，JM01 的 X 频段增益为 67.00 dB，KS01、AG01 的 X 频段增益为 64.80 dB，因此：

JM01 天线低温接收机输入端功率等于 −136.13 dBm；

KS01、AG01 天线低温接收机输入端功率等于 −138.33 dBm。

可见，中国三大深空站天线均具备开展对 Juno 进行开环测速试验的信号接收条件。

深空探测器的地面跟踪对深空天线的指向精度提出了很高的要求，深空天线需要定期进行天线指向标校，以确保天线指向精度满足跟踪需求。在开环测速设计过程中，有时也需要估算天线的波束宽度。例如，当我们事先不能获取 Juno 较为精确的轨道预报信息时，可通过木星本体的位置进行地面天线引导，这就需要考虑地面测站天线波束宽度的影响，以确保深空探测器信号能在天线波束宽度范围之内。

天线波束宽度的计算公式如下：

$$2\theta_{0.5} = 65 \times \frac{\lambda}{D} \tag{5.5}$$

式中，$\theta_{0.5}$ 为天线的半波束宽度，单位为（°）；λ 为接收射频信号的波长，单位为 m；D 为天线口径，单位为 m。

X 频段：

JM01（66 m）的天线波束宽度为 0.035°。

KS01（35 m）的天线波束宽度为 0.066°。

AG01（35 m）的天线波束宽度为 0.066°。

Ka 频段：

KS01/AG01 的天线波束宽度为 0.017°。

这就是所需设计与考虑的测站因素。

5.1.4　信号采集与开环测速处理分析

进行开环测速试验，需要通过实际处理、分析深空探测器下行信号，得到最终观测量。地面测站接收到的下行信号通过信号采集与记录设备对中频信号按照特有的标准格式进行采集与记录，记录下来的探测器原始信号可通过网络传输至信号处理中心处理，也可在本地处理，均采用开环测速软件。

在中国深空站的开环测速试验中，采用基带转换与记录设备完成信号的采集与记录，记录格式包含 VSI 与 VSR 两类格式。在采集与记录过程中，需要进行参数配置信息，包括通道数、中心频率、采样带宽、量化位数、采集时间、间隔时段（Scan）划分等。这里同样以 Juno 下行信号的采集与记录为例，地面测站采集与记录设备的参数配置如下：

中心频率：X 频段主载波下行标称频率；

采样通道数：2；

采样带宽：4 MHz；

量化位数：4 bit；

记录格式：VSI 格式。

具体的采集参数配置与记录时间应与观测任务相匹配，并以观测纲要形式发给各测站，实现对目标探测器信号的有效采集与记录。

针对已按照标准格式采集与记录好的深空探测器下行原始信号，开环测速信号处理分析工作按照第 3 章的开环测速算法与软件予以实现，这里不再详述。这就是所需设计与考虑的信号因素。

5.2 月球探测器测速试验与分析

第 5 章针对深空探测器提到的测速,包含第 3 章提到的基于分段建模本地相关的深空开环测速(简称开环测速)与基带闭环测速(简称基带测速)。

本书提出的深空开环测速算法与软件,不仅应用于地外行星探测器试验,还应用于我国月球探测任务。"嫦娥四号"(Chang'e-4,CE04)任务实现了人类首次月背软着陆。在 CE04 任务中,CE04 中继星功不可没。深空开环测速软件多次在 CE04 中继星的各飞行阶段进行了开环测速试验,为 CE04 中继星精密定轨提供了高精度观测量支持。

下面列举在 2018 年 12 月 11 日进行的一次开环测速试验数据处理分析情况。开环测速试验过程中使用的测站为 KS01,图 5.6 为 KS01 接收到的 CE04 中继星下行信号频谱,可见对于 CE04 中继星任务,探测器下行主载波信号下行功率较强,其载噪比(Carrier Noise Ratio,CNR)较高,约为 50 dB。KS01 基带设备与开环测速软件同步对 CE04 中继星进行高精度测速,采用双向测量模式。KS01 基带设备此时输出两类测速观测量,一类是多普勒测速观测量,另一类是累积载波相位测速观测量,这两类测速观测量结果一致性很好,测量噪声水平也

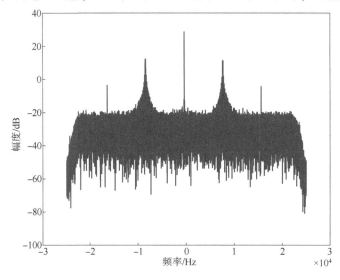

图 5.6 CE04 中继星下行信号频谱

基本一致。图5.7所示为KS01获得的CE04中继星多普勒频率结果,图中代号DTE表示基带多普勒测速,Phase表示累积载波相位测速,IMC表示深空干涉测量任务中心(Interferemetry Measurement Center,IMC)开环测速。

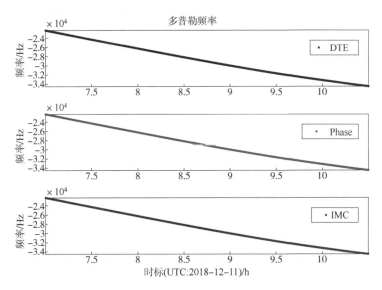

图 5.7　CE04 中继星多普勒频率比对图

图 5.8 所示为 CE04 中继星多普勒频率拟合残差比对结果,从图中可以直观看出,深空开环测速结果的测量噪声水平低于基带多普勒测速与基带累积载波相位测速的测量噪声水平。从图 5.8 还可以看出,三类多普勒残差中均出现了拟合残差突跳现象,原因是由 CE04 中继星在飞行过程中的不规则卸载引起,卸载将引起 CE04 中继星的飞行姿态变化,而多普勒测速对于深空探测器的姿态非常敏感,微小的姿态变化直接反映在多普勒测量结果中。此时,如果不考虑卸载,统计一段没有卸载过程的测量结果可得,深空开环测速结果的测量噪声水平约为 5 mHz(1 s 积分),基带多普勒测速与累积载波相位测速的测量噪声水平约为 15 mHz(1 s 积分)。

将 CE04 中继星基带多普勒测速与深空开环测速结果,应用于对 CE04 中继星的精密定轨任务中,获得测速定轨残差分别如图 5.9、图 5.10 所示。其中,图 5.9 为 CE04 中继星开环测速定轨残差,其测量精度为 0.1 mm/s;图 5.10 为 CE04 中继星基带闭环测速定轨残差,其测量精度为 0.3 mm/s。以上结果,有效验证了深空开环测速算法与软件在月球探测器任务应用中的有效性。

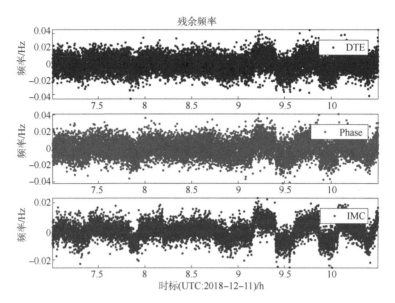

图 5.8 CE04 中继星多普勒频率拟合残差比对图

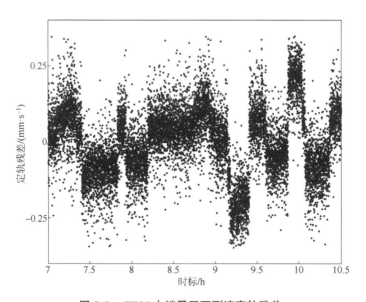

图 5.9 CE04 中继星开环测速定轨残差

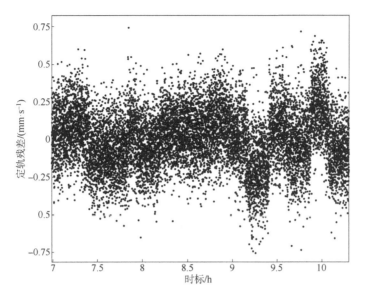

图 5.10　CE04 中继星基带闭环测速定轨残差

5.3　火星探测器测速试验与分析

5.3.1　火星快车测速试验

2020 年 4 月 3 日、4 月 16 日，在中欧航天合作背景下，中国深空测控系统组织三大深空站（KS01、JM01、AG01）对欧空局的 MEX 进行在轨火星探测器的轨道测定试验，利用深空站发送上行信号，MEX 接收到上行信号后，相干转发 MEX 下行信号，深空站接收 MEX 下行信号，完成测速与测距。通过此次试验，用以验证中国深空网对火星在轨探测器的轨道测量精度与定轨精度，为中国首次火星探测任务"天问一号"进行关键技术验证。

中国深空测控系统的深空干涉测量任务中心，部署了本书的深空开环测速软件，与地面测站基带设备一起同步完成对 MEX 的深空开环测速，并组织深空站基带完成对 MEX 的三向测量，用以评估 CDSN 对 MEX 的轨道测量精度，为后续我国首次火星探测等轨道测量任务提供关键技术支撑与验证。

中国深空站在进行 MEX 跟踪测量时，MEX 正处于一个围绕火星的椭圆绕飞轨道，其近火点约为 340 km，远火点约为 10 500 km，其轨道周期约为 7 h。佳木斯、喀什与南美深空站的基带转换与记录设备采用 4 MHz 采样带宽、4 bit 量化、单通道、VSR 格式的工作模式对 MEX 信号进行采集记录，记录信号用于开环测速信号处理。

2020 年 4 月 3 日，喀什深空站对 MEX 进行上行信号发送，上行频率为 X 频段（7.1 GHz 频段），MEX 采用星上相干转发模式，发送下行载波信号（8.4 GHz 频段）。当天，喀什深空站的跟踪时间为 2 h，阿根廷深空站的跟踪时间为 1.2 h。基带测速设备与开环测速软件同时处理分析 MEX 信号，其测量结果用于对 MEX 的精密定轨，获得定轨残差，评估测量精度。深空站接收到的 MEX 下行信号频谱如图 5.11 所示，从图中可以看出，MEX 信号主载波的峰值幅度最高，在主载波附近还有呈包络状的遥测信号与左右对称的副载波信号。深空开环测速软件与基带设备均利用 MEX 主载波信号进行 MEX 下行主载波频率高精度估计。喀什深空站开环测速与基带测速的主载波频率提取结果如图 5.12 所示，此时开环测速与基带测速的积分时间均为 1 s。图 5.13 所示为基带测速与开环测速结果分别用于对 MEX 的精密定轨，数据使用的定轨策略相同，获得定轨后残差。

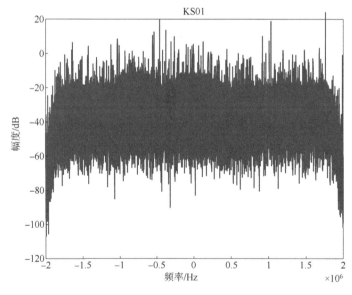

图 5.11　KS01 的 MEX 下行信号频谱

从图 5.13 中可以看出，测量结果共分为两段，中间有间断，原因是由于中间时间由于深空站设置问题，并未有效获取到 MEX 下行信号。在第 1 段观测中，基带设备的测速环路带宽设置为 100 Hz，在第 2 段观测中，基带设备的测速环路

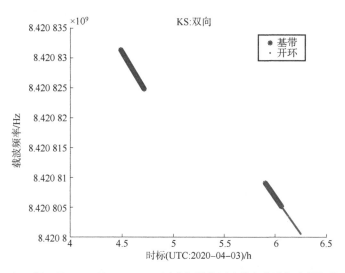

图 5.12　2020 年 4 月 3 日 KS01 的 MEX 开环测速与基带测速的主载波频率提取结果（附彩插）

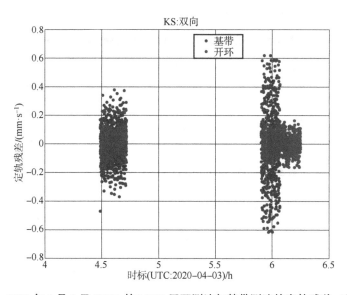

图 5.13　2020 年 4 月 3 日 KS01 的 MEX 开环测速与基带测速的定轨残差（附彩插）

带宽重新设置为 500 Hz，以适用于 MEX 更大的动态范围，以免发生 PLL 失锁情况。根据锁相环原理，采用越窄的环路带宽，将获得高的测量精度，因此，第 1 段观测中的基带测速残差小于第 2 段观测中的基带测速残差。从图 5.13 中可以看出，开环测速噪声水平明显低于基带测速噪声水平。与此同时，基带测速与开环测速结果的一致性较好,相同时标下两类测速差值的比较结果如表5.1所示。

表5.1　2020年4月3日MEX定轨残差统计结果(1 s积分)

基带测速		开环测速	
测站	测速精度/(mm·s^{-1})	测站	测速精度/(mm·s^{-1})
KS01	0.278	KS01	0.055
AG01	0.094	AG01	0.054

同理,在AG01的观测弧段内,MEX上行信号是由欧空局的赛布莱罗斯深空站完成的,中国深空网的AG01按照三向测量模式进行测速。图5.14所示为2020年4月3日AG01的开环测速与基带测速的主载波频率提取结果,图5.15所示为AG01在4月3日开环测速与基带测速的定轨残差。AG01基带设备在工作中的测速环路带宽为50 Hz。为定量分析开环测速与基带测速精度,首先对其主载波频率提取结果进行噪声水平估计,通过多项式拟合后的残余频率来表示噪声水平,其统计结果分别如表5.2、表5.3、表5.4所示。

表5.2　2020年4月3日MEX基带测速精度统计

	测站	下行频率提取精度/mHz	备注
基带测速	KS01	7.132 4	有效数据第1段
		16.662	有效数据第2段
	AG01	5.369 9	

表5.3　2020年4月3日MEX开环测速精度统计

	测站	下行频率提取精度/mHz	备注
深空开环测速	KS01	2.759 8	有效数据第1段
		3.301 7	有效数据第2段
	AG01	3.131 3	

表5.4　2020年4月3日MEX基带测速与开环测速一致性比较

测站	下行频率偏差/mHz	下行频率偏差的标准差/mHz	备注
KS01	0.094 43	7.519 9	有效数据第1段
	0.029 36	16.764	有效数据第2段
AG01	−0.314 94	5.835 8	

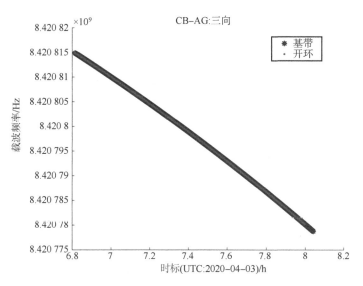

图 5.14　2020 年 4 月 3 日 AG01 的 MEX 开环测速与基带测速的主载波频率提取结果（附彩插）

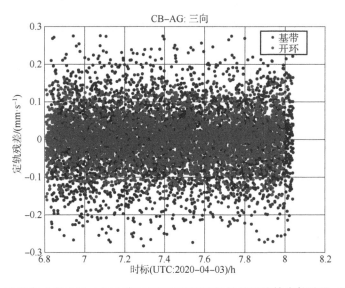

图 5.15　2020 年 4 月 3 日 AG01 的 MEX 开环测速与基带测速的定轨残差（附彩插）

通过 2020 年 4 月 3 日的 MEX 信号处理与定轨结果可以看出：

（1）KS01/AG01 的基带测速与开环测速的结果一致性很好，小于 0.5 mHz（积分时间均是 1 s，时标严格对齐比对）。

（2）KS01/AG01 的基带测速的频率提取精度为 5~17 mHz，其中 AG01 的测量精度优于 KS01 精度，原因为：①AG01 为新建测站，系统具备更加稳定的性能，AG01 系统的 G/T 略大于 KS01；②AG01 采用了更窄的锁相环路带宽。

（3）KS01/AG01 的开环测速的频率提取精度为 2~3 mHz，均优于基带测速的频率提取精度。较于基带测速，开环测速表现出更优异、更稳定的性能。

2020 年 4 月 16 日，JM01、KS01 再次对 MEX 进行了跟踪测量试验。当天试验分为两个阶段，在第 1 个阶段，JM01 按照双向模式对 MEX 进行测速，即完成上行发送信号与下行接收信号，此时，KS01 按照三向测量模式对 MEX 进行测速。由于此次试验是 JM01 第一次正式参加对火星探测器的跟踪测量，JM01 的下行基带设备有技术问题，并未能成功对 MEX 进行有效测量。JM01 的基带转换与记录设备正常工作，采集记录的 MEX 原始信号正常用于开环测速信号处理，获取高精度观测量，用于对 MEX 的精密定轨。在第 2 个阶段，KS01 按照双向测量模式对 MEX 进行测速，JM01 由于基带设备技术问题同样未能成功进行测速，但利用 JM01 基带转换与记录设备获取的原始信号进行开环测速信号处理正常。

JM01 按照双向开环测速模式获取的主载波频率结果如图 5.16 所示，利用主载波的拟合残余频率来表征测量噪声水平，如图 5.17 所示，此时的测量噪声水平为 3.38 mHz。JM01 开环测速结果用于 MEX 定轨后的残差如图 5.18 所示。同理，KS01 深空站当 JM01 作为上行主站的三向开环测速定轨残差结果如图 5.19 所示。

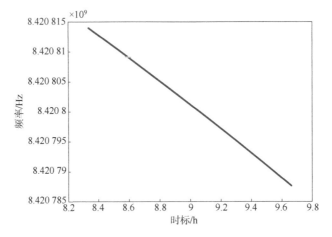

图 5.16　2020 年 4 月 16 日 JM01 的 MEX 开环测速主载波频率（北京时）

在第 2 个阶段，KS01 按照双向模式对 MEX 进行跟踪测量时，基带测速与开

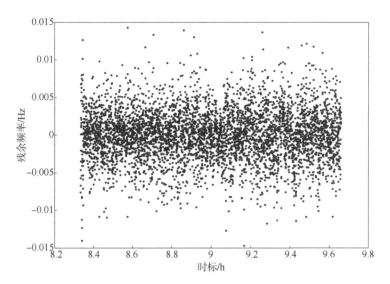

图 5.17　2020 年 4 月 16 日 JM01 的 MEX 开环测速主载波拟合残余频率（北京时）

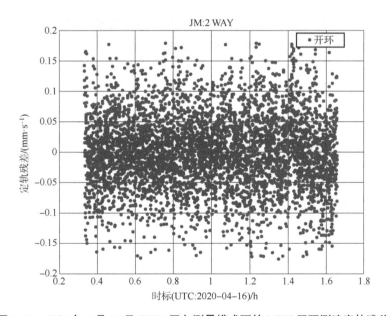

图 5.18　2020 年 4 月 16 日 JM01 双向测量模式下的 MEX 开环测速定轨残差

环测速均正常工作，其测量结果分别如图 5.20、图 5.21 所示，开环测速的噪声水平为 2.99 mHz。KS01 的开环测速结果与基带测速结果均用于 MEX 精密定轨，其定轨残差如图 5.22 所示，定轨残差统计结果如表 5.5 所示。

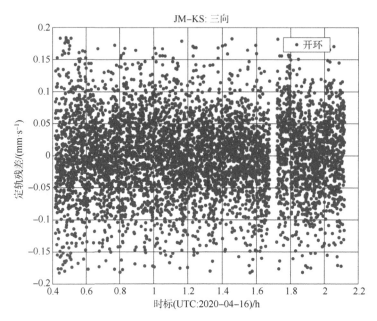

图 5.19　2020 年 4 月 16 日 KS01 三向测量模式下的 MEX 开环测速定轨残差

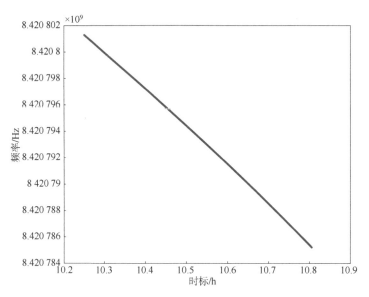

图 5.20　2020 年 4 月 16 日 KS01 的 MEX 双向开环测速主载波频率（北京时）

第 5 章 深空无线电测速试验应用

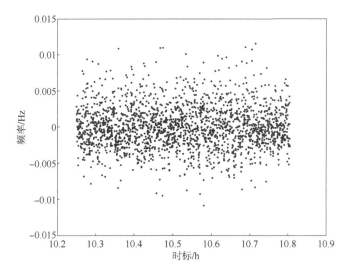

图 5.21 2020 年 4 月 16 日 KS01 的 MEX 双向开环测速主载波拟合残余频率（北京时）

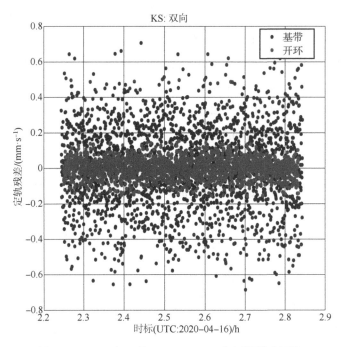

图 5.22 2020 年 4 月 16 日 KS01 双向测量模式下的 MEX 开环测速与基带测速定轨残差（附彩插）

表 5.5　2020 年 4 月 16 日 MEX 定轨残差统计结果（1 s 积分）

基带测速		开环测速	
测站	测速精度/(mm·s⁻¹)	测站	测速精度/(mm·s⁻¹)
JM01	—	JM01（双向）	0.06
KS01（双向）	0.24	KS01（双向）	0.06
KS01（三向）	0.26	KS01（三向）	0.05

从 2020 年 4 月 16 日的 MEX 信号处理与定轨结果可以看出：

（1）JM01-KS01（JM01 为三向测量主站，KS01 为三向测量从站）的基带三向测速精度为 0.26 mm/s，KS01 的基带双向测速精度为 0.24 mm/s（1 s 积分）。

（2）JM01-KS01 的三向开环测速精度为 0.06 mm/s（1 s 积分），KS01 的双向开环测速精度为 0.06 mm/s（1 s 积分）。

（3）JM01 的双向开环测速精度为 0.06 mm/s（1 s 积分）。

进一步，为了评估基于中国深空网的 MEX 开环测速精度，采用横向比对方法，分析比对国际上对于 MEX 的测量精度，其结果统计如表 5.6 所示，表中 CDSS 栏是基于中国深空站的开环测速精度。从结果对比中可以看出，本章对 MEX 的开环测速精度与 NASA/ESA 测量精度相当，比欧洲 VLBI 网（European VLBI Network，EVN）和美国 VLBI 阵列网（Very Long Baseline Array，VLBA）测量精度略高，比中国 VLBI 网（Chiniese VLBI Network，CVN）测量精度高 2 倍左右，开环测速达到国内最高的测速精度，测速精度达到国际先进水平。

表 5.6　MEX 测速精度国际比对结果

测站	测量方式	积分时间（1 s）	积分时间（5 s）	积分时间（10 s）	积分时间（60 s）	备注
KS01	双向	2.99	1.70	1.18	0.45	—
	三向	3.66	1.94	1.52	0.73	—
AG01	三向	3.18	1.51	1.20	1.03	
JM01	双向	3.38	2.13	1.63	0.72	
CDSS	—	3.3	1.82	1.38	0.73	平均结果
EVN/VLBA	三向	—	—	1.7		
EVN/VLBA	三向	—	—	2.0		
NASA/ESA	双向			1.0		

续表

测站	测量方式	积分时间（1 s）	积分时间（5 s）	积分时间（10 s）	积分时间（60 s）	备注
NASA/ESA	双向	3.2	—		1.2	
CVN	三向	—	4.14			
CVN	三向	7.0				

5.3.2　中国"天问一号"开环测速试验

"天问一号"是我国第一个自主火星探测器，对其进行的测控通信任务主要由中国深空测控系统、中科院 VLBI 测轨分系统实施。中国深空站实现了对"天问一号"的高精度测速、测距与测角，其中测速、测距主要由单个深空站完成，测角由两个深空站组成干涉测量基线后，原始信号传输至深空干涉测量任务中心后处理完成。中科院 VLBI 测轨分系统主要完成基于国内 4 个 VLBI 台站对"天问一号"进行高精度测角。

深空开环测速软件部署在深空干涉测量任务中心，同步在信号处理中心完成高精度开环测速，支持"天问一号"精密任务实施。这里列举两个算例，来验证开环测速技术与软件在"天问一号"试验任务中的应用。"天问一号"的下行信号由深空站基带转换与记录设备采集与记录，采样频率为 200 kHz，量化位数为 8 bit，通道中心频率由"天问一号"标称下行频率加上多普勒预报频率联合确定。

这里选择 2 天的"天问一号"开环测速与深空站基带测速结果进行比对说明，时间分别为 2021 年 2 月 26 日、2021 年 3 月 1 日，此时，"天问一号"正处于火星的大椭圆轨道上，其近火点为 280 km，远火点为 57 815 km，绕火星的飞行轨道周期约为 49 h。

"天问一号"的下行信号频谱如图 5.23 所示。图 5.24 为 2021 年 2 月 26 日 JM01 测速定轨残差比对图，图中蓝色点线为基带测速结果，红色点线为开环测速结果，其中基带测速的均方根误差（Root Mean Square Error，RMSE）为 0.15 mm/s（10 s 积分），开环测速的 RMSE 为 0.049 mm/s（1 s 积分）。图 5.25 为 2021 年 3 月 1 日 KS01 深空站测速定轨残差比对图，其中测速的均方根误差（RMSE）为 0.13 mm/s（10s 积分），开环测速的 RMSE 为 0.043 mm/s（1 s 积分）。由图可以看出，开环测速与基带测速残差结果的趋势非常相似，但是开环测速的残差结果具有较低的噪声水平，"天问一号"开环测速精度在 0.05 mm/s 水平（1 s 积分），开环测速结果优于基带测速结果。开环测速技术与软件可有效支持火星探测器的精密定轨，这也将有助于后续我国的火星无线电科学试验与研究。

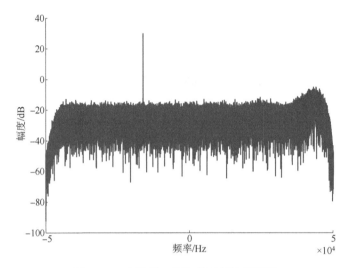

图 5.23 "天问一号"的下行信号频谱

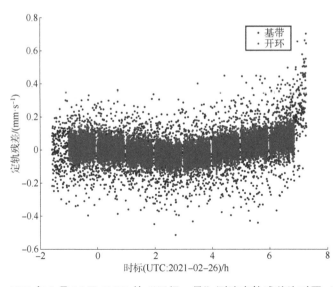

图 5.24 2021 年 2 月 26 日 JM01 的"天问一号"测速定轨残差比对图（附彩插）

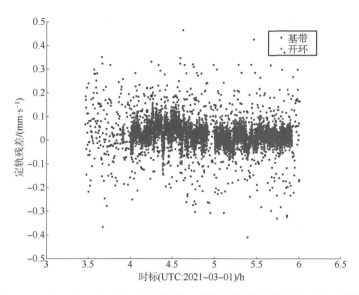

图 5.25　2021 年 3 月 1 日 KS01 的 "天问一号" 测速定轨残差比对图（附彩插）

5.4　木星探测器测速试验与分析

Juno 探测器于 2016 年 7 月被木星获取，开始木星系的科学探测工作。RS 载荷是 Juno 的科学载荷之一。Juno 的 2.5 m 星载高增益天线，可与地面测站配合，进行测控通信，获得测量数据，用于反演木星大气等。为验证中国深空站的跟踪与测量数据能力，中国深空测控系统于 2016 年 10 月至 2017 年 8 月期间多次利用 JM01、KS01 对木星探测器 Juno 进行开环测速试验。下面列举在 2017 年 5 月 19 日 Juno 穿越木星近木点附近时的开环测速试验情况，以验证说明开环测速对于木星探测器高精度轨道的测量性能。

2017 年 5 月 19 日，按照本书 3.1 节的深空开环测速观测试验方案，深空测控系统组织 JM01 进行 Juno 的跟踪测量，通过基带转换与记录设备对 Juno 下行信号进行采集与记录，原始信号传输至深空干涉测量任务中心进行开环测速信号处理，以获取对 Juno 的高精度观测量进行测定轨验证。

开环测速信号处理采用本书 3.2 节算法实现。图 5.26 所示为 JM01 接收到的 Juno 下行信号频谱，图中显示的谱线为 Juno 的主载波信号，此时 Juno 主载波信号的载噪比约为 26 dB。图 5.27 为 CZT 算法估计的 Juno 主载波频率，图 5.28 为

CZT 算法估计的 Juno 主载波残余频率。从图 5.27 可以看出，在本次 2 个多小时的观测中，Juno 的主载波下行频率有一个明显的变化趋势，原因在于在近木点附近，由于木星引力作用，Juno 相对于测站的相对速度关系发生了明显改变，此段信号具有高动态特性。在此段观测过程中，JM01 深空站基带测速结果失效。从图 5.28 中的残余频率可以看出，图中出现了许多的频率突变点，这是由于 NASA 对于 Juno 的测控采用了一种名为 Ramp 的斜坡多普勒测控方式，即上行站发送的上行频率是分段线性变化的，所以下行信号中也呈现出此特征。为评估测量噪声水平，此时只能取两个突变点之间的测量结果来计算拟合残差，随机取一段结果进行分析，如图 5.29 所示显示的是通过 CZT 算法得到的测量结果，其测量噪声水平为 17.7 mHz（1 s 积分）。

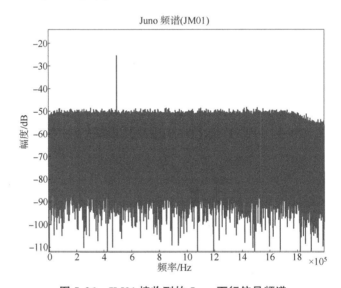

图 5.26　JM01 接收到的 Juno 下行信号频谱

图 5.30 所示为本书提出的基于分段建模本地相关开环测速算法估计的 Juno 主载波频率，图 5.31 所示为基于分段建模本地相关开环测速算法估计的 Juno 主载波残余频率。同理，取局部残余频率来评估基于分段建模本地相关开环测速算法对于 Juno 的主载波测量噪声水平，如图 5.32 所示，测量噪声水平为 9.9 mHz（1 s 积分）。对比图 5.29 与图 5.32 可以看出，基于分段建模本地相关开环测速算法优于 CZT 算法。

下面将通过分段建模本地相关开环测速算法获得的 Juno 下行主载波频率测量结果，结合事后从美国行星数据系统网站上获取的上行 Ramp 多普勒频率表，

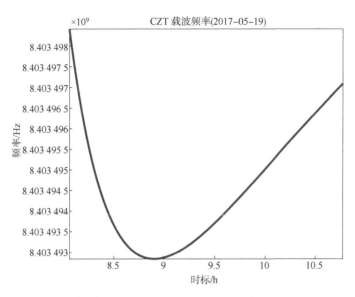

图 5.27　CZT 算法估计的 Juno 主载波频率

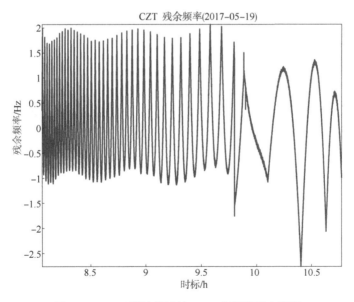

图 5.28　CZT 算法估计的 Juno 主载波残余频率

获得 JM01 针对 Juno 的多普勒观测量，并在定轨过程中修正时标，将多普勒观测量用于对 Juno 定轨，整个测量弧段的定轨残差如图 5.33 所示，多普勒观测量定轨残差约为 12.7 mHz（1 s 积分）。对比 JPL 采用极窄锁相环技术对 Juno 的主载

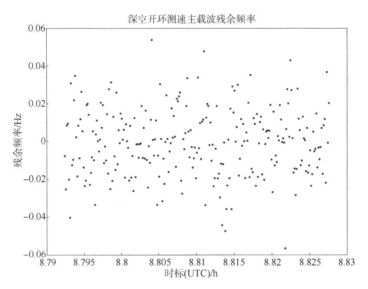

图 5.29 CZT 算法估计的 Juno 主载波局部残余频率

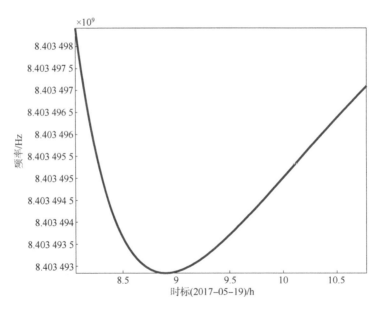

图 5.30 基于分段建模本地相关开环测速算法估计的 Juno 主载波频率

波跟踪,其采用 0.5 Hz 环路带宽,其事后处理精度为 12.9 mHz(1 s 积分)。这里需要说明的是,此时深空开环测速与 JPL 闭环测速数据的时间均是在 Juno 第 6 次到达近木点时刻的结果,因此,本节开环测速精度与 JPL 的闭环测速精度相当。

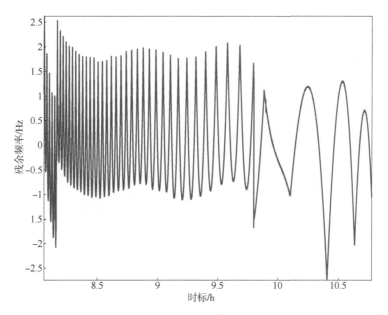

图 5.31　基于分段建模本地相关开环测速算法估计的 Juno 主载波残余频率

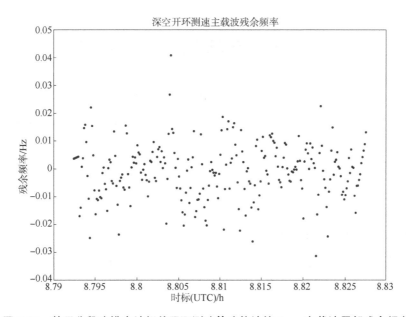

图 5.32　基于分段建模本地相关开环测速算法估计的 Juno 主载波局部残余频率

与此同时，基于中国深空站的开环测速相关试验结果得到了美国航天新闻网（Space News）的专题报道，来自 JPL、ESA 等的国际同行专家对其进行了高度肯定与客观评价。通过以上结果,有效验证了本节提出的开环测速算法的有效性。

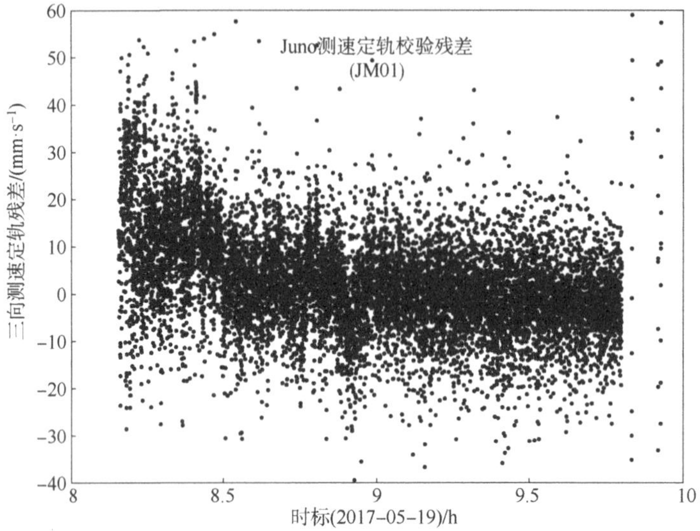

图 5.33　Juno 开环测速定轨残差

5.5　土星探测器测速试验与分析

Cassini 探测器于北京时间 1997 年 10 月 15 日发射升空,经过 6 年 8 个月、35 亿千米的飞行后,被土星捕获,开始土星系统探测任务。Cassini 于 2017 年 9 月 15 日受控坠入土星大气并烧毁。20 年间,基于 Cassini 任务数据,催生了许多科学成果,也取得了许多技术成果。北京时间 2017 年 9 月 15 日,全世界的目光聚集于 Cassini 坠入土星大气的过程,因为在当天,Cassini 坠毁于土星稠密大气以保护土星系原始环境,为后续人类对于土星系进一步科学探测铺路。Cassini 坠入土星示意图如图 5.34 所示。

Cassini 坠入土星前,其距离地球 15 亿千米。北京航天飞行控制中心、中国科学院国家天文台与西安卫星测控中心的行星无线电科学联合团队开展了针对 Cassini 坠入土星过程的开环测量试验。此次坠入测量试验之前,联合团队在前期突破了多项关键技术,包括基于土星轨道、Cassini 飞行弹道计算了中国深空站的高精度天线跟踪引导数据,基于 Cassini 星载测控应答机信息精确计算了下行点频信息、功率电平衰减信息,结合信号发射时刻制定了基于中国深空站的 Cassini

测量试验计划文件等，利用开发的高精度开环测速信号处理软件，联合组织 JM01、KS01 与 AG01 深空站对 Cassini 谢幕之旅进行开环跟踪测量，以期获得宝贵测量数据，为土星系统相关科学问题研究提供支持。

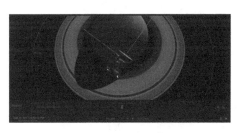

图 5.34　Cassini 坠入土星示意图

深空测控系统按照开环测速方案完成了进行试验前的各项准备工作。Cassini 的理论下行频点为 8 429.938 MHz。2017 年 9 月 15 日 16:30—19:55 的 Cassini 坠入飞行过程中，JM01、KS01 共视对 Cassini 进行了跟踪测量。Cassini 探测器在坠入土星大气飞行过程中，探测器由于土星引力不断加速，地面测站接收到的 Cassini 探测器下行信号，呈现出极具高动态变化特点。

源于各项测量准备工作到位，JM01、KS01 在整个 Cassini 坠入过程飞行过程中跟踪信号正常、测量数据正常，Cassini 下行多普勒信号呈现出高动态特性。北京时间 2017 年 9 月 15 日 19:55:20，Cassini 下行主载波信号从 JM01 深空站消失，这个时刻点与 NASA 理论预报的 Cassini 坠入烧毁时刻相差不到 5 s，可见 NASA 对 Cassini 坠入飞行过程中的各项飞行状态、土星系统模型、轨道预报等信息掌握得异常精准。以下以 JM01 测量结果为例，介绍通过开环测速获得的数据分析过程。图 5.35 为 JM01 接收到的 Cassini 下行信号频谱，可以看出，此时 Cassini 下行主载波信号的载噪比大约为 13 dB，信号较微弱。

图 5.36 显示的是 JM01 从北京时间下午开始跟踪 Cassini 探测器的情况，可以看出，由于 Cassini 探测器相对于 JM01 的观测几何关系以及运行轨道特点，JM01 接收到的多普勒频率从 -546 kHz 逐步增大至 -538 kHz，随后多普勒频率持续下降，直至 Cassini 坠入末段的 -1 123 kHz。可以看出，在 JM01 跟踪全过程中，Cassini 具有高动态变化的多普勒频率。

为进一步挖掘 Cassini 测量数据在探测器坠入土星本体前所蕴含的丰富信息，对图 5.36 的测量数据进行分析，重点关注 Cassini 坠入前 90 min 的测量数据。图 5.36 中从北京时间 18:30 到 19:53 的测量数据如图 5.37 所示，由图 5.37 可见，在该时间段内 Cassini 的多普勒频率呈现高动态变化特性。

对图 5.37 的多普勒频率进行一个多项式拟合，获得残余多普勒频率如图 5.38 所示。从图 5.38 中可以看出，呈现出许多频率突跳点，这是源于 Cassini

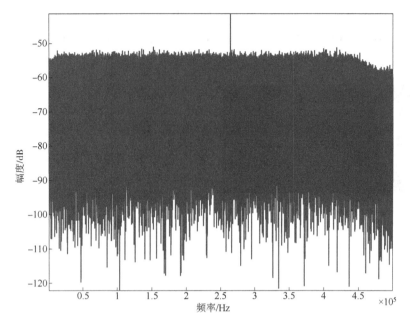

图 5.35　JM01 接收到的 Cassini 下行信号频谱

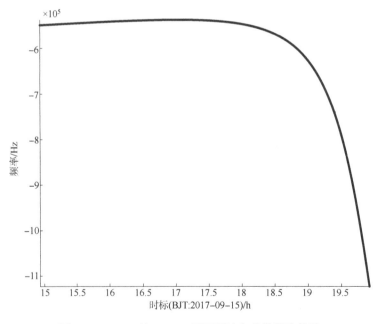

图 5.36　JM01 的 Cassini 开环测速多普勒频率估计

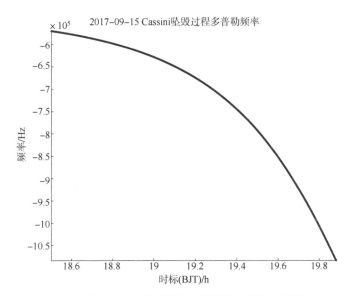

图 5.37　JM01 的 Cassini 开环测速多普勒频率估计（始于 18:30）

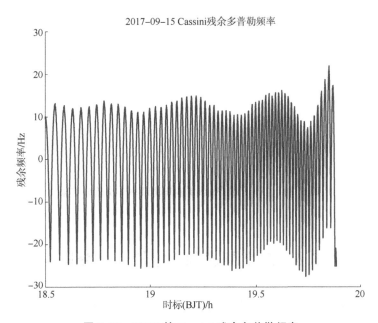

图 5.38　JM01 的 Cassini 残余多普勒频率

采用的是 Ramp 斜坡上行模式，上行频率在某些特定时刻存在突跳现象，即上行的起始频率突然加调一个变化值，这个现象在解析 PDS 网站上的 Cassini 测轨数据时得到验证。测站加载的变化上行频率经星上应答机相干转发后，JM01 跟踪捕获其下行信号,因此在下行信号中也检测到此突跳的下行频率。

对图 5.38 中的多普勒频率进行 1 次差分处理,得到如图 5.39 的结果。由于多普勒频率直接与探测器相对于测站的速度成正比,多普勒频率的 1 次差分结果即与加速度成正比。从图 5.39 中可以看出,多普勒频率的 1 次差分图形也存在着许多阶梯状的变化现象,这均源于测站上行载波频率突跳引起。以上结果验证了基于开环测速试验有效获取到了 Cassini 坠入土星的测量数据,该段测量数据的有效科学应用将在本书第 5 章中详细介绍。

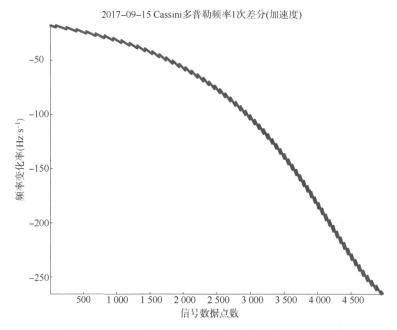

图 5.39 JM01 的 Cassini 多普勒频率 1 次差分结果

5.6 深空测速独立定轨应用分析

当深空探测器环绕地外行星飞行时,由于地外行星重力场对其轨道有强烈的约束作用,在测距、测速与测角观测量中,测速观测量成为最重要的观测量类型,高精度测速观测量可独立支撑深空探测器的精密定轨。

本节以我国"天问一号"探测器为例,验证深空开环测速观测量独立支撑探测器精密定轨性能。2021 年 6 月 8 日至 10 日,深空测控系统组织 JM01、KS01 深空站进行了连续3天的"天问一号"开环测定轨试验,此时"天问一号"的轨道周期约为8 h,试验期间深空站基带设备与深空开环测速软件同步生成高精度测速观测量。深空基带设备同步输出测距观测量,深空测控干涉测量系统与中科院VLBI测轨分系统均输出测角观测量,均用于对"天问一号"探测器的精密定轨。

需要说明的是,此次开环测定轨试验过程中的结果图较多,受限于篇幅,为表述简洁,这里仅列出2021年6月8日的测速结果,6月9日、6月10日的测速结果与之类似,最后给出3天测量数据的定轨结果。

在6月8日"天问一号"跟踪过程中,每一天的测控弧段分为3段,测控弧段安排如下:JM01上午跟踪3 h,下午跟踪2 h,KS01晚上跟踪2 h,全天共7 h跟踪时段。但是由于每个测站采用双向跟踪模式,此时,"天问一号"与测站的单向光行时大约为20 min,所以每个弧段的双向测量结果需要减去40 min。

6月8日的JM01开环测速与基带结果及基带测速结果分别如图5.40~图5.46所示,在这些结果图中,蓝色线表示开环测速结果,红色线表示基带测速结果。在开环测速中,测量结果有间断,这是由于在利用基带转换与记录设备对"天问一号"信号进行采集与记录时,采用了分间隔时段的信号采集模式,每采集55 min信号,暂停5 min,这样便于原始信号通过专有传输网络,更及时有效传输至深空干涉测量任务中心进行处理。分析图5.40~图5.47所示结果,并进行定量统计,对于6月8日的测速结果,JM01深空站上午开环测速测量噪声水平为3.52 mHz(1 s积分),基带测速噪声水平为8.62 mHz(1 s积分);KS01深空站晚上的开环测速测量噪声水平为4.72 mHz(1 s积分),基带测速噪声水平为12.52 mHz(1 s积分)。

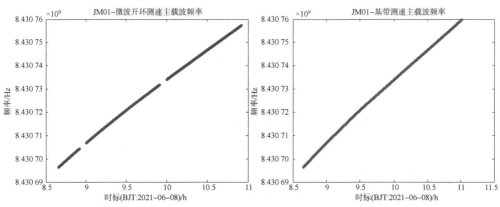

图5.40 JM01的"天问一号"开环测速与基带测速主载波频率(上午)(附彩插)

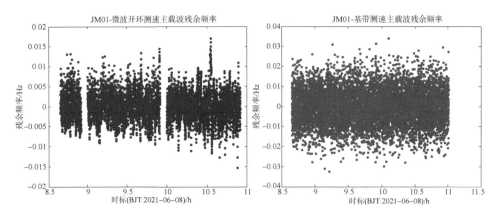

图 5.41 JM01 的"天问一号"开环测速与基带测速主载波残余频率（上午）（附彩插）

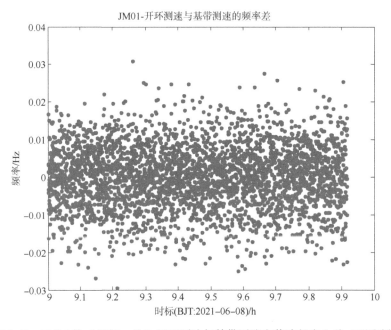

图 5.42 JM01 的"天问一号"开环测速与基带测速主载波频率之差（附彩插）

与此同时，这里同样先从开环测速与基带测速观测量层面直接进行比对，分别选取 JM01 与 KS01 均有开环测速与闭环测速时段，比较相同时标下的主载波频率估计值差分情况，分别如图 5.42、图 5.47 所示。在图 5.42 中，JM01 的"天问一号"开环测速与基带测速主载波频率之差结果的均值为 0.12 mHz，标准差为 8.32 mHz；在图 5.47 中，KS01 的"天问一号"开环测速与基带测速主载

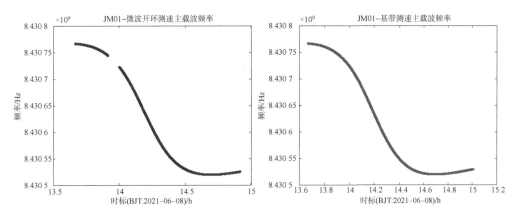

图 5.43 JM01 的"天问一号"开环测速与基带测速主载波频率（下午）（附彩插）

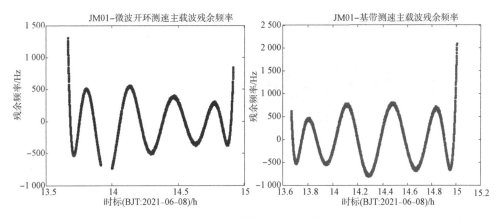

图 5.44 JM01 的"天问一号"开环测速与基带测速主载波残余频率（下午）（附彩插）

波频率之差结果的均值为 1.22 mHz，标准差为 11.75 mHz。由以上分析可见，从测量观测量层面，双向开环测速与基带测速结果的一致性较好，平均偏差小于 1.5 mHz（1 s 积分）。开环测速的测量噪声水平小于基带测速噪声水平 2 倍以上。

在 JM01 下午跟踪弧段过程中，由于此时"天问一号"探测器正好飞越近火点附近，地面接收到的主载波信号具有呈现高动态特性，采用多项式拟合方式得到残差来评估测量噪声水平的方式失效，原因在于多项式不足以精确拟合探测器在近火点附近的运动特性。因此，6 月 8 日下午的测量精度会在定轨过程中予以检验。

通过以上分析结果可以看出，深空开环测速的测量精度优于基带测速精度 2 倍以上。

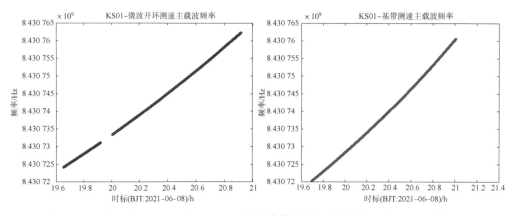

图 5.45　KS01 的"天问一号"开环测速与基带测速主载波频率（晚上）（附彩插）

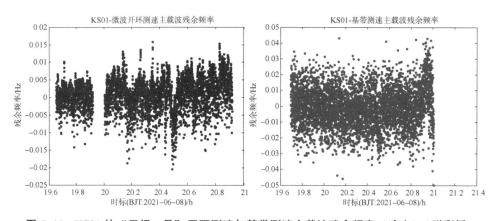

图 5.46　KS01 的"天问一号"开环测速与基带测速主载波残余频率（晚上）（附彩插）

为开展测速独立支撑定轨试验，这里分别仅应用开环测速结果与基带测速结果，对"天问一号"进行精密定轨，定轨后的残差结果如图 5.48、图 5.49 所示，其统计结果如表 5.7、表 5.8 所示。通过定轨验证结果可以看出，基带测速精度为 0.38~0.43 mm/s（1 s 积分），开环测速精度为 0.15~0.2 mm/s（1 s 积分），深空开环测速精度优于基带测速精度。

表 5.7　"天问一号"基带测速独立定轨残差统计结果　　　　　　　　mm/s

测站	MEAN	RMSE
JM01	−0.011	0.382
KS01	0.008	0.422

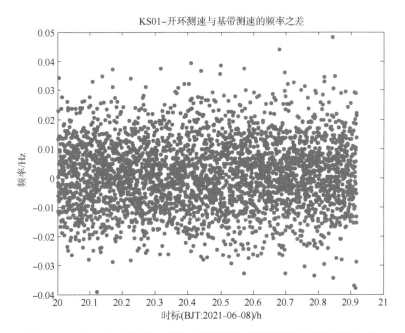

图 5.47 KS01 的"天问一号"开环测速与基带测速主载波频率之差

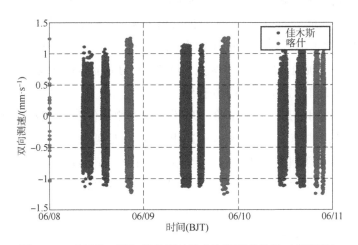

图 5.48 "天问一号"基带测速独立定轨残差结果（附彩插）

表 5.8 "天问一号"开环测速独立定轨残差统计结果　　　　　　　　　　mm/s

测站	MEAN	RMSE
JM01	−0.001	0.193
KS01	0.002	0.151

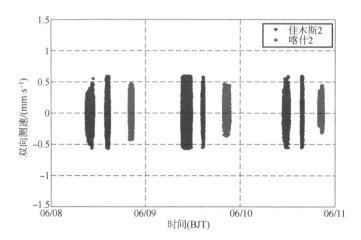

图 5.49 "天问一号"开环测速独立定轨残差结果（附彩插）

为进一步验证仅基于测速观测量的定轨效果，这里采用相互比较方式来验证定轨精度，这是由于没有绝对真值的高精度轨道。在定轨过程中，采用测距、测速与 VLBI 时延观测量计算一组轨道值，命名为 orbit_all；仅采用基带测速观测量计算一组轨道值，命名为 orbit_baseband；仅采用开环测速观测量计算一组轨道值，命名为 orbit_openloop。定轨验证给出了 4 天定轨的结果，即 6 月 8 日至 11 日。比较 3 组轨道值的差异，分别如图 5.50、图 5.51 所示，其中图 5.50 为轨道 orbit_baseband 与轨道 orbit_all 的偏差，图 5.51 为 orbit_openloop 与轨道 orbit_all 的偏差，两组轨道位置偏差值均小于 50 m。

这里需要说明的是，此次试验，开环测速观测量仅有 6 月 8 日至 10 日 3 天的观测量，基带测速、VLBI 延迟率这里用了 4 天观测量，所以观察图 5.50、图 5.51 中，开环测速第 4 天的独立定轨结果 orbit_openloop，较 orbit_baseband 与 orbit_all 有一定发散现象，缘于第 4 天没有开环测速观测量，开环测速第 4 天的定轨结果为轨道预报值。因此，在定轨比对时，应比对前 3 天的定轨比对情况，同样可得出开环测速能独立支持"天问一号"探测器高精度定轨的结论。本书并不研究与涉及具体定轨理论，对于环绕型探测器测速观测量独立支持精密定轨的理论见相关参考文献。

"天问一号"的轨道精度还需通过重叠弧段等方式评估，其大致精度也是在几十米量级，此次试验虽不能说明此时"天问一号"的定轨精度就是小于 50 m，但能得出两个可靠结论：①无论是开环测速还是基带测速，均能独立支撑"天问一号"环火阶段的精密定轨任务，且仅利用测速观测量的定轨效果与利用所有观

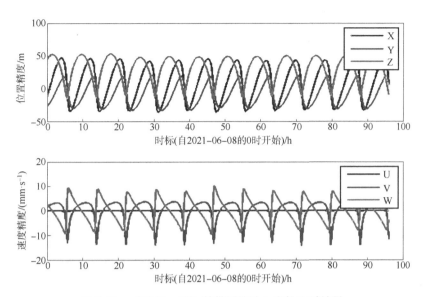

图 5.50 "天问一号"基带测速独立定轨比对结果

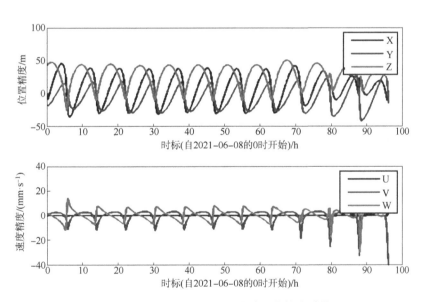

图 5.51 "天问一号"开环测速独立定轨比对结果

测量的定轨效果相当；②由于开环测速观测量相比基带测速更精确，在相同定轨策略下，基于开环测速观测量确定的轨道应更精确。

5.7 本章小结

本章首先进行深空开环测速观测试验方案总体设计，分别从探测器、空间环境、测站、信号四方面的因素进行分析与设计，并通过一个具体实例加以具体阐述；然后重点介绍了 MEX 与"天问一号"的火星探测器测速试验与分析情况、Juno 木星探测器测速试验与分析情况、Cassini 土星探测器测速试验与分析情况，同时也简要介绍了深空测速软件在"嫦娥四号"中继星月球探测器中的成功应用，这些试验结果表明，深空开环测速精度明显优于深空站基带测速精度，通过比对试验表明 MEX、Juno 等开环测速精度达到国际先进水平。最后，介绍了基于深空测速观测量独立支撑"天问一号"探测器定轨试验情况。试验结果表明，高精度的深空开环测速观测量，能有效独立支撑环绕型探测器精密定轨，可为后续我国深空探测任务中定轨策略的多样化选取，提供技术依据与支撑。

第6章
地外行星大气反演理论方法

本章介绍与无线电测量直接相关的三种行星中性大气反演方法，分别是基于测轨技术的行星中性大气密度反演方法、基于无线电掩星技术的行星中性大气密度反演方法与基于无线电掩星技术的行星电离层密度反演方法。

6.1 基于测轨技术的行星中性大气密度反演方法

基于测定轨数据进行行星中性大气密度反演的原理是通过就位飞行探测器在穿越行星大气过程中，收到行星中性大气对于探测器的阻尼作用，来反演行星中性大气密度。下面介绍本章提出的基于测轨技术进行行星中性大气密度反演的方法。本书作者已将这一部分的研究工作发表了学术论文，请参见参考文献。

行星上层大气密度利用下述公式来计算：

$$\boldsymbol{a}_{\text{drag}} = -\frac{1}{2}\frac{\rho C_{\text{D}} A}{m} v^2 \frac{\boldsymbol{v}}{|\boldsymbol{v}|} \tag{6.1}$$

式中，$\boldsymbol{a}_{\text{drag}}$ 为探测器由于收到大气阻尼作用产生的加速度；ρ 为中性大气质量密度；v 为探测器相对于行星大气相对运动的速度，$\boldsymbol{v}$ 是一个矢量；C_{D} 为大气阻尼系数，不同大气成分有自身特有的阻尼系数；A 为探测器飞行参考面积及迎风面积；m 为探测器的质量。

为了估计行星大气密度，v、A、$\boldsymbol{a}_{\text{drag}}$ 需要提前获取，才能正确反演出中性大气密度。这里假设行星大气质量密度在各个方向均有各向同性的特点，因此中性大气质量密度 ρ 可以通过视线方向（Line of Sight，LOS）上探测器相对于测站的运动关系反演。

首先，需要计算出 $\boldsymbol{a}_{\text{drag}}^{\text{los}}$。当探测器逐步穿越行星大气过程中，探测器收到的外力包括行星引力，太阳系其他天体引力和行星大气阻力，而其他力的影响较小，可以忽略（但在水星、金星与火星探测中，探测器受到的太阳光压力将予以考虑）。例如在土星大气探测过程中，太阳光压力可忽略，探测器引力主要来源于土星和太阳。

$$F^{los} = F^{los}_{grav} + F^{los}_{atm} \tag{6.2}$$

$$F^{los} = ma^{los} \tag{6.3}$$

$$F^{los}_{grav} = ma^{los}_{grav} \tag{6.4}$$

$$F^{los}_{atm} = ma^{los}_{atm} \tag{6.5}$$

式（6.2）显示了穿越行星大气所受的外力表达式，式中 F^{los} 表示探测器在视线方向上受到的外力；F^{los}_{grav} 表示行星与太阳对探测器的引力；F^{los}_{atm} 表示由中性大气引起探测器的大气阻力。

在式（6.3）中，a^{los} 表示在视向方向上的总加速度；在式（6.4）中 a^{los}_{grav} 表示行星本体与太阳引起的引力加速度；在式（6.5）中，a^{los}_{atm} 表示行星中性大气引起的阻尼加速度。

因此，进一步可得到式（6.6）：

$$a^{los} = a^{los}_{grav} + a^{los}_{atm} \tag{6.6}$$

a^{los} 可以通过事后精密轨道计算获得，在通过轨道计算 a^{los} 过程中，将用到国际地球自转服务组织（IERS）规范中的基础模型。

由探测器加速度与速度关系可得，加速度可由速度的差分获取，如式（6.7）所示，式中 Δv^{los} 表示视向方向上的速度差分。

$$a^{los} = \Delta v^{los} \tag{6.7}$$

依据双向或三向多普勒频率与速度之间的关系式（如式（6.8）所示），在视向方向上的探测器相对于测站速度可由多普勒频率来计算获取。

$$\Delta f_{dop} = \frac{2\Delta v^{los}}{c} f_{up} N \tag{6.8}$$

式中，Δf_{dop} 为多普勒频率的前后时刻差分，多普勒频率可通过观测与信号处理获取；N 为探测器星上转发比；f_{up} 为探测器通过地面测站的上行载波频率。

因此，探测器所受的阻尼加速度能够被获取，如式（6.9）所示，行星中性大气密度也能够被近似反演。

$$\rho = -\frac{2m}{C_D A (v^{\text{los}})^2} \frac{a_{\text{drag}}^{\text{los}}}{v^{\text{los}}} \frac{|v^{\text{los}}|}{} \qquad (6.9)$$

6.2 基于无线电掩星技术的行星中性大气密度反演方法

无线电掩星反演行星中性大气密度的原理如下：深空探测器的无线电信号经过行星大气时，地面测站接收到信号的多普勒频率与幅度会受到行星大气扰动，通过多普勒变化扰动按照反演物理规律，即可反演行星中性大气密度。行星大气无线电掩星坐标系示意图如图 6.1 所示。

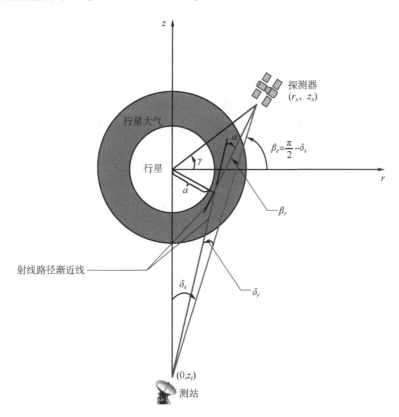

图 6.1　行星大气无线电掩星坐标系示意图

基于经典物理理论，大气频率扰动的表达式如下所示：

$$\Delta f = \left(f_s - f_s \frac{v_{rs}}{c}\cos(\beta_e - \beta_r) - f_s \frac{v_{zs}}{c}\sin(\beta_e - \beta_r)\right) +$$

$$f_s \frac{v_{rt}}{c}\sin(\delta_s - \delta_r) + f_s \frac{v_{zt}}{c}\cos(\delta_s - \delta_r) -$$

$$\left(f_s - f_s \frac{v_{rs}}{c}\cos\beta_e - f_s \frac{v_{zs}}{c}\sin\beta_e + f_s \frac{v_{rt}}{c}\sin\delta_s + f_s \frac{v_{zt}}{c}\cos\delta_s\right) \tag{6.10}$$

式中,f_s 为探测器的发射频率;c 为光在真空中的速度;v_{rs} 为探测器在射线方向的速度;v_{zs} 为探测器在 z 方向的速度;v_{rt} 为测站在射线方向的速度;v_{zt} 为测站在 z 方向的速度。行星无线电掩星过程中的各种角度关系如图 6.1 所示。假设行星大气的折射率分布是球对称的,那么两条射线路径渐近线到行星质心的距离 a 是相同的。在这种假设条件下有以下公式成立:

$$-z_t \sin(\delta_s - \delta_r) = \sqrt{r_s^2 + z_s^2} \sin(\beta_e - \gamma - \beta_r) \tag{6.11}$$

当探测器位置与地面测站位置是已知时,我们就可以利用式(6.10)和式(6.11)同时求出两个折射角 δ_r 和 β_r。为了便于计算,可以方便地分别将 δ_r 和 β_r 替换为 $\delta_r + \Delta\delta_r$ 和 $\beta_r + \Delta\beta_r$,然后通过线性化方法将超越方程转换为 $\Delta\delta_r$ 和 $\Delta\beta_r$ 的线性方程,如式(6.12)与式(6.13)所示。

$$b_{11}\Delta\beta_r + b_{12}\Delta\delta_r = k_1 \tag{6.12}$$

$$b_{21}\Delta\beta_r + b_{22}\Delta\delta_r = k_2 \tag{6.13}$$

式中,

$$b_{11} = -v_{rs}\sin(\beta_e - \beta_r) + v_{zs}\cos(\beta_e - \beta_r)$$

$$b_{12} = -v_{rt}\cos(\delta_s - \delta_r) + v_{zt}\sin(\delta_s - \delta_r)$$

$$b_{21} = \sqrt{r_s^2 + z_s^2}\cos(\beta_e - \gamma - \beta_r), \quad b_{22} = z_t\cos(\delta_s - \delta_r)$$

$$k_1 = c\frac{\Delta f}{f_s} + v_{rs}[\cos(\beta_e - \beta_r) - \cos\beta_e] + v_{zs}[\sin(\beta_e - \beta_r) - \sin\beta_e] -$$

$$v_{rt}[\sin(\delta_s - \delta_r) - \sin\delta_s] - v_{zt}[\cos(\delta_s - \delta_r) - \cos\delta_s]$$

$$k_2 = z_t\sin(\delta_s - \delta_r) + \sqrt{r_s^2 + z_s^2}\sin(\beta_e - \gamma - \beta_r)$$

新的方程组可以用于确定 δ_r 和 β_r 作为时间的函数。

至此,总的大气折射角 α 和折射路径渐近线到行星质心的距离 a 可以通过以下公式(式(6.14)和式(6.15))求出。

$$\alpha = \delta_r + \beta_r \tag{6.14}$$

$$a = \sqrt{r_s^2 + z_s^2} \sin(\beta_e - \gamma - \beta_r) \tag{6.15}$$

这样通过计算机运算可将行星大气多普勒扰动转化为折射角剖面结果。

接下来继续介绍如何通过折射角来计算行星大气的折射率剖面过程。

由 Abelian 积分公式可得：

$$\mu(r_{01}) = \exp\left[\frac{1}{\pi} \int_{a=a_1}^{a=\infty} \ln\left\{\frac{a}{a_1} + \sqrt{\left[\left(\frac{a}{a_1}\right)^2 - 1\right]}\right\} \frac{d\alpha}{da} da\right] \tag{6.16}$$

式中，r_{01} 表示无线电信号发生折射处的中性大气距行星质心在 r 轴方向的距离，a_1 表示射电最接近 r_{01} 的渐近线损失距离，$\mu(r_{01})$ 表示行星大气在 r_{01} 高度下的折射率。a_1、r_{01} 和 $\mu(r_{01})$ 满足关系式 $r_{01} = \dfrac{a_1}{\mu(r_{01})}$。因此，通过上式可求出行星大气不同高度下的折射率。

中性大气的折射率满足以下公式：

$$\mu_n - 1 = v_n = \sum k_i n_{n,i} \tag{6.17}$$

式中，k_i 为中性大气第 i 组分的折射体积，$n_{n,i}$ 为中性大气第 i 组分的数值密度。气溶胶和冷凝物（例如灰尘或云）的折射率可以忽略不计，因为它们在典型的无线电掩星频率下是透明的。如果行星中性大气的化学成分是已知的，则平均折射体积 $\bar{k}$ 可以定义如下：

$$v_n = \bar{k} n_n \tag{6.18}$$

式中，n_n 为总中性数值密度。因此，不同大气高度下的 $n_n(r)$ 能够通过不同高度下的折射率得到。对于许多典型的大气气体，$\bar{k}$ 的取值通常为 10^{-29} m^3。以上就是通过无线电掩星来反演中性大气密度的理论过程。

中性大气气压廓线可以从流体静力学方程获得，如式（6.19）所示：

$$\frac{\partial p}{\partial r} = n_n \bar{m} g_{\text{planet}} \tag{6.19}$$

式中，$\bar{m}$ 为行星大气平均分子质量，g_{planet} 为行星表面重力加速度。从式（6.19）可得到中心距 r 处的气压，如式（6.20）所示：

$$p(r) = n_{n0} k T_0 + \bar{m} \int_r^{r_0} n_n(r') g(r') dr' \tag{6.20}$$

式中，$k = 1.380\,662 \times 10^{-23}$ J/K，是玻尔兹曼常数。气压廓线的上限 r_0 取决于热噪声水平，在此高度上，热噪声超过了大气多普勒的信号强度，并且密度是已知的。作为边界条件，温度 T_0 可以来自模型值。

中性大气温度廓线可由理想气体状态方程得到，如式（6.21）所示：

$$T=p/(n_n k) \tag{6.21}$$

6.3 基于无线电掩星技术的行星电离层密度反演方法

基于无线电掩星技术的行星电离层参数反演分为以下 3 个主要步骤，分别是掩星坐标系构建、观测数据预处理与电离层参数反演。下面以火星无线电掩星为例，说明火星电离层反演过程。

1. 掩星坐标系构建

此步骤完成观测资料的整理，识别无线电掩星发生时刻，确定掩星平面，最终构建掩星坐标系。该步骤输入的数据包括行星历表、地球历表、探测器星历、观测资料、行星物理参数和地面观测台站的坐标等。该步骤输出的数据为探测器在掩星坐标系中的坐标和速度信息。

首先，做如下定义：地球接收到信号时刻为 t，无线电信号从火星到地球的传播时间为 Δt，t 时刻地球在太阳质心坐标系的位置矢量为 $\vec{r}_E(t)$，$t-\Delta t$ 时刻火星在太阳系质心坐标系的位置矢量为 $\vec{r}_M(t-\Delta t)$，$t-\Delta t$ 时刻探测器在火星瞬时平赤道坐标系的位置矢量为 $\vec{r}_S(t-\Delta t)$。

以火星瞬时平赤道坐标系中，t 时刻的地球位置矢量 $\vec{r}_E(t)$ 和 $t-\Delta t$ 时刻的火星位置矢量 $\vec{r}_M(t-\Delta t)$ 及 $t-\Delta t$ 时刻的探测器位置矢量 $\vec{r}_S(t-\Delta t)$ 建立掩星平面。在掩星平面上建立掩星坐标系 (x,y)，原点在火星质心，地面观测站在 y 轴负方向，飞行器横坐标 $x_S>0$。此处涉及坐标系之间的转换，以及信号时延 Δt 的求取，具体步骤如下。

（1）$\Delta t=0$。

（2）根据地面观测资料的时刻 t，分别插值出 $t-\Delta t$ 时刻火星和探测器的位置与速度。

（3）太阳系质心坐标系下火星到地球的位置矢量为 $\vec{r}_e(t)-\vec{r}_M(t-\Delta t)$，将该矢量转换到火星瞬时平赤道坐标系。

（4）火星瞬时平赤道坐标系，火星到地球的单位矢量和探测器单位矢量

$\vec{r}_s(t-\Delta t)$ 叉乘得到掩星面的单位矢量。

(5) 通过火星瞬时平赤道坐标系到掩星坐标系的旋转矩阵，得到探测器在掩星坐标系下的坐标和信号时延 Δt。

(6) 重复步骤（2）~（5），直到收敛。

经过以上步骤构建完成的掩星坐标系示意图同样如图 6.1 所示。

2. 观测数据预处理

在火星无线电掩星试验中，获得多普勒观测量需要进行多普勒修正，才能得到火星大气对无线电信号的影响，进而反演出火星电离层参数信息。主要包括地球电离层多普勒修正、地球中性大气层多普勒修正、地心与探测器相对运动的多普勒修正、测站相对于地心运动的多普勒修正、相对论效应误差修正、星载钟漂移修正等。

观测数据预处理的步骤，包括：(a) 观测量组合，如果是相位观测量，转换为多普勒观测量；(b) 多普勒观测量修正；(c) 观测量的滤波与平滑；(d) 修正火星扁率，建立偏心坐标；(e) 在偏心坐标系中建立观测方程和布克（Bouquer）公式，求出作为碰撞参数序列的弯曲角序列。

如果假设地球上测站的位置是无穷远，则有 $\delta_s=0$，$\delta_r=0$ 和 $\beta_e=\pi/2$（参见图 6.1），观测方程为：

$$\Delta f = \left(-f_s \frac{v_{rs}}{c}\sin\beta_r - f_s \frac{v_{zs}}{c}\cos\beta_r + f_s \frac{v_{zs}}{c}\right) \quad (6.22)$$

式中，f_s 为探测器发射的无线电波频率，c 为真空中的光速，v_{rs}、v_{zs} 分别为探测器径向（相对行星质心）和 z 方向的速度，v_{rt}、v_{zt} 分别为地球径向（相对火星质心）和 z 方向的速度。

Bouquer 公式为：

$$a = \sqrt{(r_s^2+z_s^2)}\cos(\gamma+\beta_r) \quad (6.23)$$

通过迭代可以求出偏折角：

$$\alpha(a) = \beta_r(a) \quad (6.24)$$

3. 电离层参数反演

针对单频和双频观测资料采用不同的反演方法，具体如以下步骤（1）~（4）所示。

首先判断观测数据类型,如果是单频多普勒观测量,则按下面步骤(1)~(2)得到电子密度;双频多普勒观测量则按(3)来计算得出电子密度。

(1) 从弯曲角序列 $\alpha(a)$,利用阿贝尔(Abel)变换获得以碰撞参数表示的折射率指数序列

$$n(r_1) = \exp\left(\frac{1}{\pi}\int_{a_1}^{\infty}\frac{\alpha(a)}{\sqrt{a^2-a_1^2}}\mathrm{d}a\right) \tag{6.25}$$

可以获得折射指数廓线。其中 $a_1 = r_1 n(r_1)$ 为切点半径为 r_1 的信号路径曲线的碰撞参数。而折射率写成 $N = 10^6 \times (n-1)$。

(2) 电离层的电子密度和折射率的关系可近似写成:

$$N = -\kappa_e n_e \tag{6.26}$$

式中,n_e 为电子密度;$\kappa_e \approx \dfrac{r_e \lambda_{RS}^2}{2\pi}$ 为与掩星信号传播相关的常参数,其中 λ_{RS} 为传输的无线电波波长(cm),r_e 为康普顿(Compton)电子半径。

(3) 在双频载波条件下,总电子含量 TEC(m^{-2})与相位延迟的关系写成:

$$\mathrm{TEC} = \frac{-f_1^2 \Delta\rho_1}{40.3} = \frac{-f_2^2 \Delta\rho_2}{40.3} = \frac{(\Delta\rho_1 - \Delta\rho_2)f_1^2 f_2^2}{40.3(f_1^2 - f_2^2)} \tag{6.27}$$

其中,$\Delta\rho_1$、$\Delta\rho_2$ 分别为两个波段信号的相位延迟,$\Delta\rho_1 - \Delta\rho_2$ 为两个波段信号的相位延迟组合。掩星时段,用于总电子含量反演计算的飞行器轨道可采用轨道预报作为初始值,内插得到与相位资料一致的轨道信息。

(4) 如同弯曲角的 Abel 变换,在球对称假设下,对总电子含量进行 Abel 变换。总电子含量和电子密度的关系可以写成积分:

$$\mathrm{TEC}(r_1) = 2\int_{r_1}^{r_S}\frac{r n_e(r)}{\sqrt{r^2-r_1^2}}\mathrm{d}r \tag{6.28}$$

式中,r_S 为飞行器的火星中心距。上述积分是直接对中心距进行的,并没有引入碰撞参数。

由类 Abel 变换可得电离层电子密度 n_e。

$$n_e(r) = \frac{-1}{\pi}\int_{r}^{r_S}\frac{\mathrm{d}\mathrm{TEC}(r_1)/\mathrm{d}r_1}{\sqrt{r_1^2-r^2}}\mathrm{d}r_1 \tag{6.29}$$

6.4　本章小结

本章重点介绍了基于测轨技术的行星中性大气密度反演方法和基于无线电掩星的行星中性大气密度、压强与温度反演方法，以及基于无线电掩星技术的行星电离层电子密度反演方法。

第7章
地外行星大气反演应用

7.1 基于测轨的土星中性大气密度反演试验

在 Cassini 坠入土星大气过程中，中国深空站参与了跟踪测量试验，获取了深空探测器坠入地外行星大气的宝贵测量数据，这些测量数据为土星大气等行星无线电研究提供了基础数据支持。在本书 5.5 节，介绍了基于中国深空站对于 Cassini 跟踪测量情况，其测量数据将用于反演土星上层中性大气密度，反演方法参考本书 6.2 节，将利用基于测定轨数据进行地外行星中性大气密度反演。

Cassini 探测器坠入土星大气时的地球、土星、太阳与 Cassini 的观测几何示意图如图 7.1 所示。基于事后数据的 Cassini 坠入土星过程的飞行轨迹示意图如图 7.2 所示，图中的球体为土星一个大气压球面示意图，红色为 Cassini 坠入飞行过程中的飞行轨迹。

JM01 获取了 Cassini 在坠入过程中开环测速主载波频率数据，此时上行测站为编号为 43 的 DSN 天线（DSS43）。通过事后方式，从 NASA 的行星数据库系统（Planetary Data System，PDS）网站上获取了 DSS43 针对 Cassini 的上行 Ramp 频率表格与 Cassini 星历，按照三向测速公式，将 JM01 获取的多普勒频率转化为 Cassini 相对于 JM01 相对运动速度关系结果，如图 7.3 所示。可以看出，在 Cassini 坠入阶段，Cassini 相对 JM01 的相对运动速度呈现高动态特性，在 $-20 \sim -40$ km/s 范围内变化。在此过程中，Cassini 穿越土星上层大气，为土星中性大气密度反演提供了条件。

在 Cassini 坠入土星大气过程中，美国 DSS35 天线同样对其进行了跟踪测量，并在 PDS 上公布了测量数据。JM01 与 DSS35 测速数据均与 Cassini 的事后轨道星历确定的理论速度进行了比对，得到测速残差，其结果如图 7.4 所示，从图中可以看出：

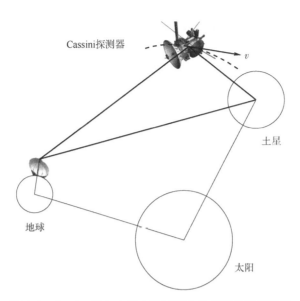

图 7.1　Cassini 坠入土星大气过程中的观测几何示意图

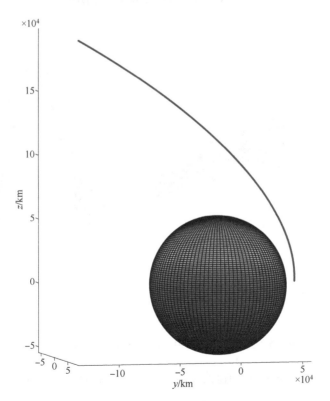

图 7.2　Cassini 坠入土星过程的飞行轨迹示意图（附彩插）

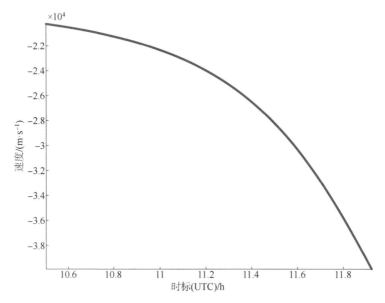

图 7.3 Cassini 相对于 JM01 的运动速度

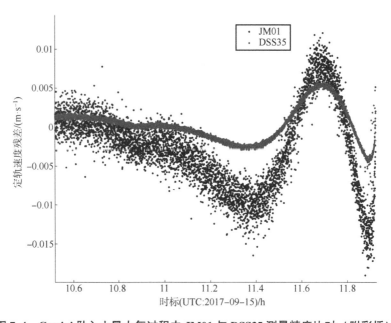

图 7.4 Cassini 坠入土星大气过程中 JM01 与 DSS35 测量精度比对（附彩插）

（1）JM01 与 DSS35 的测速残差的大致趋势一致性较好，证明地基测量均比较可靠。

（2）JM01 与 DSS35 的测速残差并未呈平坦的分布趋势，尤其是在坠入过程的末期，存在较大的误差振荡趋势，测量误差超过了 1 cm/s，经分析，可能的原因有两个：①在 Cassini 定轨过程中，将用到大气模型等，对于坠入过程末期，土星大气越来越稠密，对大气建模相对不准可能引起了 Cassini 的轨道确定偏差，这也源于我们对于土星大气的先验信息有限，而此次坠入试验恰是提供了增加我们对于土星大气更准确探测与认知的绝好机会。②在 Cassini 坠入的最后阶段，Cassini 运动存在高动态特点，致使地面测量精度降低，尤其是当 Cassini 接近大气烧毁段时，从测量数据中明显看出测量噪声水平变大、测量野点增多。

（3）从结果中反映出 DSS35 的测量精度优于 JM01 测量精度，其原因是 DSS35 测量数据的积分时间为 5 s，JM01 的测量数据的积分时间为 1 s，积分时间是 5 倍关系，而此时 DSS35 的测量精度优于 JM01 的测量精度 6 倍左右。因此，在 Cassini 坠入土星大气过程中 DSS35 的测量精度略优于 JM01 的测量精度。

利用基于 JM01 的测量数据，反演土星中性大气密度。在反演过程中，用到的行星历表为 DE435，土星的重力场模型使用了 J2、J4 和 J6 项，Cassini 的质量参数设置为 2 150 千克；Cassini 的迎风面积通过粗略估算，迎风面积取值为 18.71 m^2，其不确定度最大约为 40%，主要由 Cassini 设计尺寸与飞行姿态关系引起；大气阻尼系数取值为 2.1。

土星中性大气质量密度反演结果如图 7.5 所示，其中红色为土星中性大气质

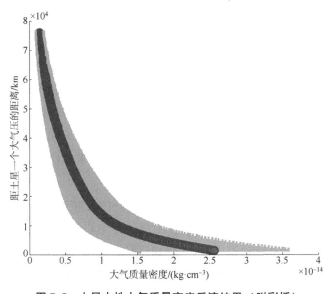

图 7.5　土星中性大气质量密度反演结果（附彩插）

量密度的反演结果，灰色代表反演的不确定度。从图中可以看出，从距土星 1 个大气压（1 bar）的 76 000 km 至 1 400 km 距离上，土星中性大气质量密度变化范围为 $1.4 \times 10^{-15} \sim 2.5 \times 10^{-14}$ kg/cm^3，此时反演不确定为 40%。因为土星大气除了 H_2 和 He，还存在一些不确定的中性分子成分，因此，本章仅给出土星中性大气质量密度估计结果，未计算土星中性大气各成分的数值密度结果。

7.2 火星无线电掩星应用试验

7.2.1 火星无线电掩星观测试验

"天问一号"探测器环火在轨飞行，当"天问一号"下行无线电信号穿越火星大气，经火星大气折射后，被地面测站接收到，将为基于"天问一号"下行信号进行火星无线电掩星试验提供了可能。地面测站接收到的无线电信号的频率、幅度变化反映了火星大气对探测器下行信号的影响，通过大气密度反演理论方法，可望实现火星中性大气密度反演。

2021 年 8 月 23 日，中国深空测控系统通过轨道预报与测站计划安排，组织 JM01 与 KS01 深空站对"天问一号"成功开展了首次基于"天问一号"的火星无线电掩星观测试验。

此次火星无线电掩星观测试验具体时间为：北京时间 8 月 23 日 16:30—17:50，JM01、KS01 基带转换与记录设备共分两个 Scan 来采集记录"天问一号"下行原始信号，两个 Scan 记录时间分别是 16:30—17:25 与 17:30—17:50。"天问一号"的火星无线电掩星事件发生的具体时间在 17:31—17:32，即发生在第 2 个 Scan 中。在此段观测过程中，KS01 按照双向测量模式进行跟踪与测量，即 KS01 作为上行站对"天问一号"上行发送信号，经"天问一号"锁相转发后，由 JM01 与 KS01 深空站接收下行信号完成开环测速，KS01 深空站同步完成基带测速。

未发生掩星时的 KS01 深空站接收到的下行信号频谱如图 7.6 所示。按照开环测速信号处理算法，利用深空干涉测量任务中心的开环测速软件，对"天问一号"KS01 记录的原始信号进行处理，估计得到第一个 Scan 的"天问一号"主载波频率。与此同时，KS01 基带设备同步获得基带测速主载波频率，其结果如图 7.7 所示。通过拟合主载波频率，获得主载波拟合残差结果如图 7.8 所示，以评估测量噪声水平。此时 KS01 开环测速的噪声水平为 13.5 mHz，基带测速的噪声水平为 19.1 mHz，开环测速精度优于基带测速精度。

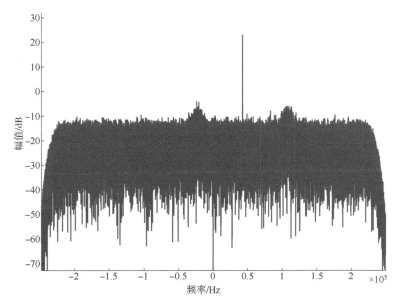

图 7.6　2021 年 8 月 23 日"天问一号"未发生掩星时刻下行信号频谱

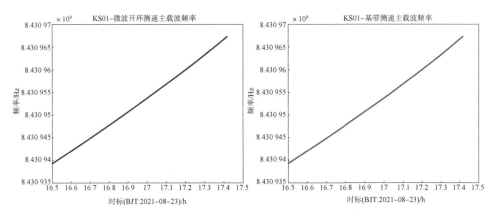

图 7.7　KS01 的"天问一号"开环测速与基带测速主载波频率

图 7.9 为 KS01 深空站的开环测速与基带测速的主载波一致性比对，两类测速按照相同时标进行比较，图 7.9 显示出开环测速与基带测速偏差的均值为 0.14 mHz，可见开环测速与基带测速结果一致性较好；开环测速与基带测速偏差的标准差（1σ）为 14.5 mHz。

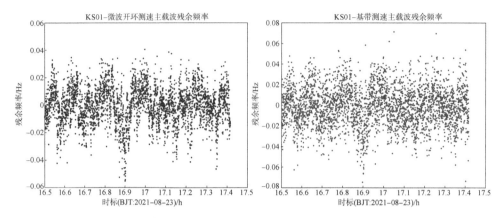

图 7.8　KS01 的"天问一号"开环测速与基带测速主载波频率残差

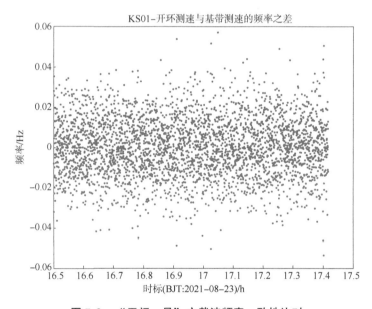

图 7.9　"天问一号"主载波频率一致性比对

2021 年 8 月 23 日的测量噪声水平大于本书 5.3.2 节中介绍的"天问一号"开环测速试验（2021 年 2 月 26 日、2021 年 3 月 1 日）的测量噪声水平，推测可能的原因如下：

(1) "天问一号"探测器的姿态存在未知扰动，引起了测量残差呈波动趋势；

(2) 2021 年 8 月 23 日，"天问一号"探测器的下行信号受到太阳辐射活动的影响。

接下来,我们利用开环测速软件对掩星时刻第 2 个 Scan 的下行信号进行处理,分别估计主载波频率与幅值。发生掩星时刻的下行信号频谱如图 7.10 所示,对比未发生掩星时的信号频谱(见图 7.6)与发生掩星时的信号频谱(见图 7.10),可以看出信号在幅度上发生了明显的变化。主载波的幅值通过求信号自功率谱,取自功率谱中载波信号处载噪比方式来定量估计幅度变化。

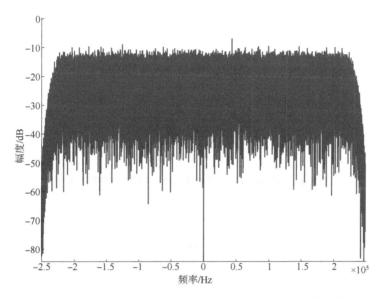

图 7.10　2021 年 8 月 23 日 "天问一号" 掩星时刻下行信号频谱

JM01 深空站掩星过程信号主载波频率变化如图 7.11 所示,JM01 深空站接收信号在掩星最后阶段的信号自功率谱如图 7.12 所示,JM01 深空站掩星过程的信号幅度变化结果如图 7.13 所示。

同理,KS01 深空站掩星过程信号主载波频率变化如图 7.14 所示,KS01 深空站接收信号在掩星最后阶段的信号自功率谱如图 7.15 所示,KS01 深空站掩星过程的信号幅度变化结果如图 7.16 所示。

重点观察图 7.13 与图 7.16,在两幅图中用红色椭圆标出的地方可以明显看到火星本体对无线电信号的衍射斑纹,可以确认此次火星无线电掩星观测包含了完全掩星过程,直至无线电信号完全被火星本体遮掩。

由于深空测控系统在 8 月份,降低了每日跟踪弧长和跟踪频次,使得 "天问一号" 因缺少更多测量观测量,轨道相较于正常跟踪模式下的轨道精度明显偏

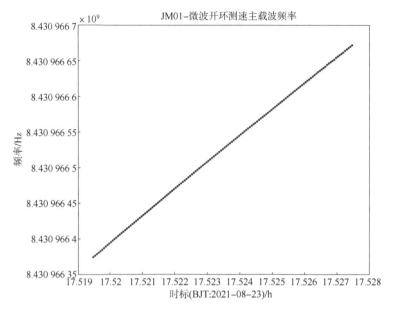

图 7.11　JM01 深空站掩星阶段的信号主载波频率变化

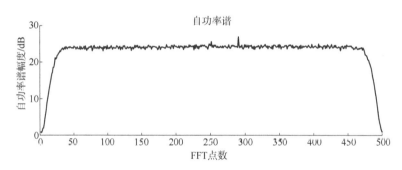

图 7.12　JM01 深空站掩星最后阶段的信号自功率谱

低，不足以满足反演火星大气密度需求，使得想通过扣除轨道位置影响、地面测站介质影响等主要影响因素后，仅保留火星中性大气对观测量影响来进行火星中性大气密度反演的实施计划暂未成功。但通过此次观测试验，验证表明基于"天问一号"的测控资源，可为火星大气探测提供必备的观测条件与数据支持。

7.2.2　基于无线电掩星观测的火星中性大气反演试验

在 2022 年 3 月 22 日和 25 日，深空测控系统利用 JM01 深空站与 KS01 深空站开展了包含"天问一号"的入掩和出掩联合观测试验。在这些观测过程中，

第 7 章 地外行星大气反演应用

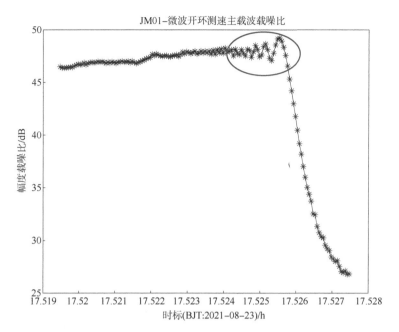

图 7.13 JM01 深空站掩星阶段的信号幅度变化

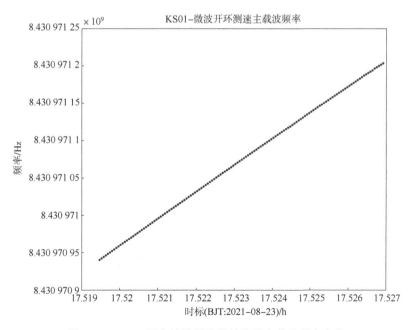

图 7.14 KS01 深空站掩星阶段的信号主载波频率变化

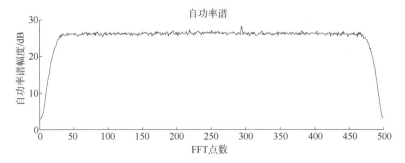

图 7.15　KS01 深空站掩星最后阶段的信号自功率谱

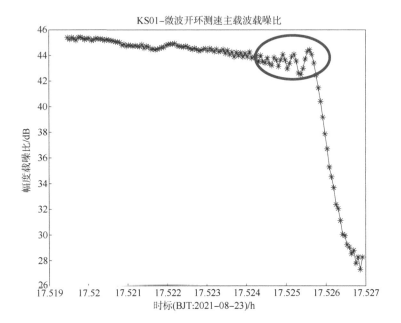

图 7.16　KS01 深空站掩星阶段的信号幅度变化

共分为 10 个不同的观测弧段，同时为对比分析，列出欧洲火星快车（MEX）的 1 次跟踪试验情况，如表 7.1 所示。

表 7.1　"天问一号"与 MEX 观测信息

弧段序号	时间（UTC）	上行/下行	掩星类型	测量类型	频带
arc-1	3月22日，02:25:01—02:35:38	KS01	入掩	单向	X
arc-2	3月22日，03:59:01—03:59:10	KS01	—	—	X
arc-3	3月22日，03:59:01—03:59:10	JM01	—	—	X

续表

弧段序号	时间（UTC）	上行/下行	掩星类型	测量类型	频带
arc-4	3月22日，03:59:11—04:04:21	KS01/KS01	出掩	双向	X
arc-5	3月22日，03:59:11—04:04:21	KS01/JM01	出掩	三向	X
arc-6	3月25日，01:13:40—01:23:52	JM01	入掩	单向	X
arc-7	3月25日，02:52:12—02:52:19	JM01	—	—	X
arc-8	3月25日，02:52:12—02:52:19	KS01	—	—	X
arc-9	3月25日，02:52:20—02:55:00	JM01/JM01	出掩	双向	X
arc-10	3月25日，02:52:20—02:55:00	JM01/KS01	出掩	三向	X
MEX-0112（2004）	7月15日，15:23:00—15:35:23	DSS65/DSS65	入掩	双向	X

表 7.1 中的 DSS65 指的是美国深空网第 65 号天线，这是由美国运营并位于西班牙马德里的深空测控通信设施，该站配备了一台 34 m 射电望远镜，在支持 MEX 观测任务中发挥了关键作用。

在 3 月 22 日、3 月 25 日观测试验中，某些观测弧段是正处于探测器和地面站之间进行了握手通信过程，因此类型为空（对应表 7.1 中的弧段 2、3、7、8）。MEX-0112 是在 2004 年 7 月 15 日由 MEX 通过 DSS65 站进行火星无线电掩星观测的情况。对于成功的火星无线电掩星观测（对应弧段 1、4、5、6、9、10 以及 MEX-0112），相关的掩星信息，包括纬度、经度和太阳天顶角（SZA）如表 7.2 所示。

表 7.2 成功火星无线电观测的掩星信息　　　　　　　　　　（°）

弧段序号	火星纬度	火星经度	太阳天顶角
arc-1	68.7~70.5（N）	204.8~219.2	74.6~76.8
arc-4	55.1~57.0（S）	327.2~330.9	80.1~81.3
arc-5	55.2~57.0（S）	327.3~330.9	80.1~81.3
arc-6	70.2~70.7（N）	146.2~156.4	77.7~78.9
arc-9	62.8~63.3（S）	295.2~297.1	88.4~88.8
arc-10	62.8~63.4（S）	295.3~297.1	88.4~88.8
MEX-0112（2004）	21.7~26.2（N）	243.3~240.5	77.9~78.0

利用深空开环测速方法,分别获取单向、双向与三向的开环多普勒频率,并通过"天问一号"的事后精密轨道进行验证,计算 O-C 残差,用于火星中性大气反演。单向、双向和三向观测的多普勒频率 O-C 残差评估如图 7.17 所示。

图 7.17(a)展示了关于弧段 1 中掩星高度的多普勒残差分布概览,该弧段采用了单向追踪方法。鉴于"天问一号"星载 USO 的稳定度指标:$1×10^{-11}$(1 s)和 $1×10^{-10}$(1 天),固有的随机游走噪声在残差中变得显著,表现为大约 40 mHz 的幅度,由于这种噪声,不适合进行中性大气反演,因此这里探讨基于双向、三向开环测量结果进行火星中性大气反演。

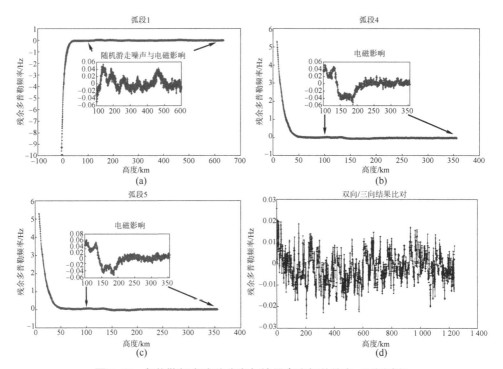

图 7.17 多普勒频率残差分布与掩星高度相关信息(附彩插)

(a)弧段 1(入掩)单向观测;(b)弧段 4(出掩)双向观测;
(c)弧段 5(出掩)三向观测;(d)弧段 4 和弧段 5 多普勒残差差分结果

相比之下,图 7.17(b)显示了与弧段 4 相对应的多普勒残差结果的分布,该弧段是在双向跟踪模式下进行的,残差的噪声水平为 15 mHz。与单向测量相比,双向观测的测量精度得到较大提高。因此,本章使用双向测量数据来反演火星中性大气参数。

图 7.17（c）显示了弧段 5 的三向多普勒残差分布。三向多普勒残差测量精度与双向的一致，噪声水平约为 15 mHz。为方便比较，本章也使用了三向测量数据来反演火星中性大气参数。弧段 4 和弧段 5 共享相同的观测时间跨度，这意味着火星介质对多普勒信号的影响相似。理论上，这种一致性应该扩展到两次观测。图 7.17（d）展示了这两次观测残差的比较评估。值得注意的是，观测到的幅度差异几乎与观察到的噪声幅度一致，说明了两组残差之间的一致性。

基于双向、三向测量数据进行火星中性大气参数的反演结果如图 7.18 所示。

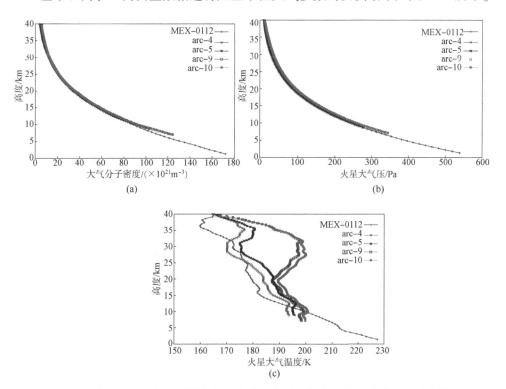

图 7.18 基于双向、三向测量数据进行火星中性大气参数的反演结果（附彩插）

（a）MEX-0112 和弧段 4、5、9、10 的大气分子密度剖面；（b）MEX-0112 和弧段 4、5、9、10 的大气压力剖面；（c）MEX-0112 和弧段 4、5、9、10 的大气温度剖面

考虑到表 7.2 中太阳天顶角（SZA）信息，可推测到弧段 4、5、9、10 以及 MEX-0112 的所有观测都是在火星白天进行的。这导致了合理的温度波动，范围从 165 K 到 200.8 K。在 20 km 以上，对应于火星大气中的臭氧层，由于太阳紫外线辐射的影响，温度变化变得更加显著。这些温度变化显示出纬度和局部的变化，纬度的具体情况在表 7.2 中提供。值得注意的是，在弧段 9 和弧段 10 的观

测中，在 30 km 的高度出现了一个逆温层，这比 MEX-0112 和弧段 4、5 的高度要高得多。这种差异可能是由于火星中性温度的当地时间变化所致，如表 7.2 所示，MEX-0112 与弧段 9、10 之间的 SZA 差异大于弧段 4、5 之间的差异。综上，基于"天问一号"的双向、三向测量数据初步有效开展了火星中性大气分子密度、压强和温度参数反演。

7.2.3 基于无线电掩星观测的电离层电子密度反演试验

在满足星-地无线电掩星条件下，基于高精度开环测速结果，可为火星中性大气与电离层反演提供可靠的观测量输入。这里列举 2023 年 5 月 27 日，开展的基于"天问一号"的火星无线电掩星观测与反演试验情况。通过"天问一号"事先轨道预报，预先估算在北京时间 5 月 27 日的 18 时 37 分至 19 时 19 分之间，"天问一号"下行信号将被火星本体遮掩，形成星-地无线电掩星观测条件。中国深空网的喀什深空站（KS01）从 16 时 00 分至 20 时 00 分对"天问一号"进行双程测量，在此弧段，"天问一号"与 KS01 建立双向测量链路，KS01 持续不断发送上行信号，"天问一号"接收到 KS01 上行信号后，经锁相转发后，发送下行信号。KS01 接收"天问一号"下行信号后，一方面，利用基带设备对其进行双向测速，获得基带测速结果；另一方面，利用站内基带转换与中频记录设备，对"天问一号"下行原始信号进行采集与记录，并通过专用网络高速传输至深空网信号处理中心，利用开环测速软件对其进行处理分析，获得开环测速结果。

图 7.19 为分析 KS01 接收到的"天问一号"下行信号频谱，图中最突出的谱线为"天问一号"主载波，在主载波左右对称呈包络状频谱结构为"天问一号"下行数传信号。基带设备与开环测速软件均对"天问一号"主载波信号进行测速信号处理，分别获得基带测速与开环测速观测量，两者测速观测量的积分时间均设置为 1 s。无线电掩星观测弧段内获取的基带测速与开环测速结果，用于对"天问一号"轨道确定，获得测速观测量的定轨残差如图 7.20 所示，图中红色结果为基带测速的定轨残差，蓝色结果为开环测速的定轨残差。从图 7.20 定轨结果可以明显看出，"天问一号"的入掩、出掩过程特征清晰可见，表现为定轨残差上呈现起伏特征，原因在于火星大气与电离层对于"天问一号"下行信号的频率相位产生了影响。为了进一步明晰呈现"天问一号"入掩、出掩过程的测量数据特征，将图 7.20 进行局部放大，得到入掩、出掩过程的定轨残差放大图，如图 7.21 所示，无线电掩星产生的振荡多普勒频率残差清晰可见，掩

星特征明显,且开环测速结果相对于基带测速的随机抖动噪声较小。与此同时,入掩与出掩的定轨残差符号相反,呈现出一致的规律,也进一步验证了入掩、出掩观测的有效性。

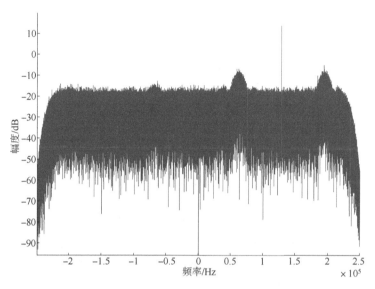

图 7.19 "天问一号"下行信号频谱

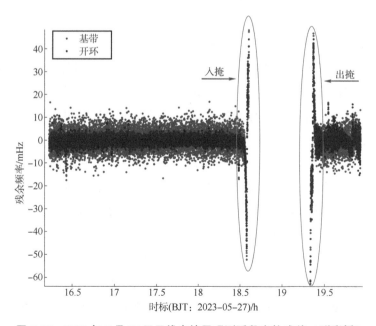

图 7.20 2023 年 5 月 27 日无线电掩星观测弧段定轨残差(附彩插)

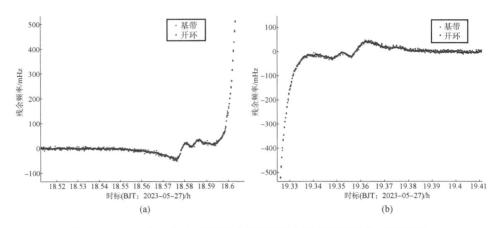

图 7.21　2023 年 5 月 27 日无线电掩星发生时段的定轨残差（附彩插）

（a）入掩过程；（b）出掩过程

与此同时，为了有效说明针对"天问一号"的测量精度，通过对"天问一号"精密定轨后残差予以说明。针对"天问一号"正常定轨过程，无须加入无线电掩星发生过程的测量数据。"天问一号"正常跟踪弧段的测速定轨残差如图 7.22 所示，红色结果为基带测速结果，蓝色结果为开环测速结果。定量分析定轨残差结果，基带测速的定轨残差精度为 4.26 mHz（1δ，1 s 积分），开环测速的定轨残差精度为 1.67 mHz（1δ，1 s 积分），按照双向测速换算成测速精度分别为基带测速精度为 0.076 mm/s（1δ，1 s 积分），开环测速精度为 0.030 mm/s（1δ，1 s 积分）。可见开环测速精度优于基带测速 2~3 倍，其原因在于地面深空站高稳定度的氢原子钟与先进的开环测速信号处理方法保证了测量结果的高精度性。

无线电掩星过程中的开环测速数据，用于火星大气与电离层反演。北京航天飞行控制中心基于"天问一号"无线电掩星测量数据，开展了火星电离层电子密度反演，初步结果如图 7.23 所示，为电离层电子密度剖面初步结构。火星电离层的主要特征是光化学控制的主层，即 M2 层，由太阳 EUV 辐射产生。日下点处 M2 层峰值高度为 120 km 左右，峰值高度随太阳天顶角变化，此次无线电掩星观测试验 M2 层峰值高度在 126 km。第二层即 M1 层，密度较小，位于 M2 层下方约 20 km 处，M1 层是由吸收太阳软 X 射线辐射产生的，随时间变化很大，此次观测 M1 层高度为 107 km。此次反演的火星电子密度剖面较好地符合了火星电离层的垂直结构特性，初步验证了开环测速观测量可有效支持火星无线电科学研究。

第 7 章 地外行星大气反演应用

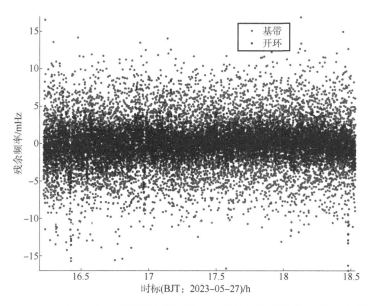

图 7.22 2023 年 5 月 27 日无线电掩星发生之前正常弧段定轨残差（附彩插）

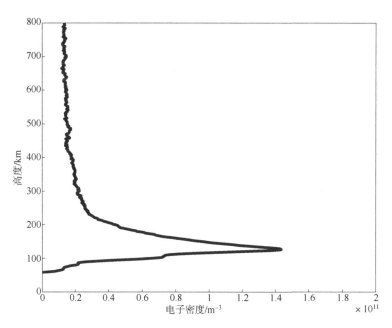

图 7.23 基于"天问一号"开环测速数据的
火星电离层电子密度反演结果

7.3 本章小结

本章介绍了基于测轨的土星中性大气密度反演应用，有效反演了土星上层中性大气质量密度。介绍了基于我国"天问一号"探测器的国内首次火星大气无线电掩星观测试验情况，成功获得有效的测量数据，并在测量结果中发现了火星本体对无线电信号的衍射斑纹特征，为后续火星大气密度反演积累了有效数据，接着重点介绍了基于"天问一号"探测器进行火星中性大气反演试验与火星电离层电子密度反演试验，获取了火星中性大气的中性大气密度、压强、温度与电离层电子密度进行反演的结果。

第8章
深空探测器飞行运动状态监测应用

深空探测器高精度测速除了应用于深空探测器的精密定轨以及行星无线电科学研究，还可应用于深空探测器飞行运动状态监测，精准获取变轨、调姿等飞行运动状态信息。本章分别介绍基于高精度开环测速在深空探测器巡航过程和再入、下降与着陆（Entry Descent and Landing，EDL）过程中的飞行运动状态监测应用。

8.1 深空探测器巡航过程飞行运动状态监测应用

基于地基无线电天线对某行星际飞行的深空探测器进行跟踪测量，重点关注其按照预定飞行程序过程中的重要飞行事件，采集、记录其下行无线电信号，进行事后开环测速信号处理分析。

在针对某深空探测器飞行运动状态监测试验过程中，采用 500 kHz 带宽、8 bit 量化、一单通采集记录模式，对该深空探测器的两次变轨过程中的下行信号进行了采集、记录、分析与评估。该探测器的下行信号频谱如图 8.1 所示，可以看出该探测器采用了抑制载波的宽带数传模式进行下行信号发送。该信号的频谱特征是数传信号在采集带宽内全频段分布，并没有明显的载波频率，而是调制出许多具有稠密谱线的数传信号谱线。通过开环测速算法，锁定某一根频谱，进行连续追踪与开环测速信号处理，检测在该飞行过程中的外测频率变化特征。

本节重点介绍通过地基无线电开环测量方式，对该探测器两次重要的变轨机动进行有效监测，一次为该深空探测器进入某特定飞行轨道，另一次为该探测器飞离该特性飞行轨道。通过开环测速方式，其监测结果分别如图 8.2 所示，从图中可以初步看出该深空探测器的变轨、调姿过程特征非常清晰明显。

该深空探测器进入某特定轨道过程，其开始轨控的时刻为北京时间 5 时 52

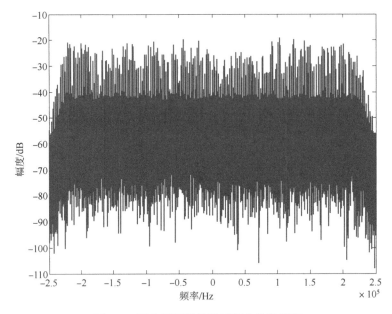

图 8.1 深空探测器轨控过程中信号频谱

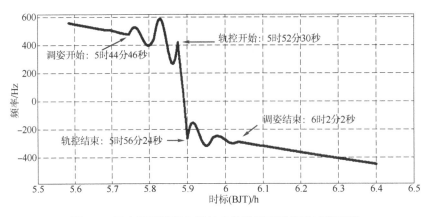

图 8.2 深空探测器进入某特定轨道的变轨机动过程监测

分 30 秒，轨控结束时刻为 5 时 56 分 24 秒，轨控开机时长为 3 分 54 秒，根据轨控前后多普勒频率的变化，预估该深空探测器视线方向的轨控量约为 43.23 m/s。轨控前开始调姿时刻为 5 时 44 分 46 秒，轨控后调姿结束时刻为 6 时 2 分 2 秒。在此无线电监测过程中，探测器姿态调整在开环测速结果中表现为呈正弦波特征，正弦波的周期可对应于其姿态调整周期，正弦波的幅度可对应于姿态调整的幅度大小。因此，通过图 8.2 可以清晰明了地直观监测深空探测器的飞行运动状态。

该深空探测器飞离某特定轨道过程（见图 8.3），从开环测速结果中可看出，其轨控、调姿的特征亦相当明显，该探测器于 5 时 53 分 55 秒开始轨控，持续约 1 分 48 秒，估算视线方向轨控速度增量为 87.895 m/s。

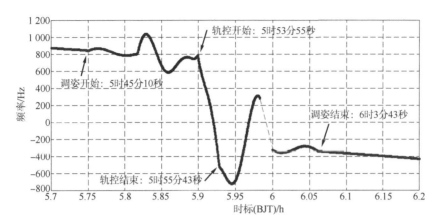

图 8.3　深空探测器飞离某特定轨道的变轨机动过程监测

8.2　深空探测器 EDL 过程飞行运动状态监测应用

深空探测器实现地外天体软着陆的关键在于 EDL 过程是否成功，EDL 是地外天体着陆探测任务最为关键的阶段，该阶段直接影响任务的成败。因此，对于深空探测器的 EDL 过程高精度监测意义重大，地基无线电开环测速手段提供了针对这个特殊应用场景的有效灵敏监测手段。

本节列举基于地基无线电测量手段对于某月球探测器月面软着陆 EDL 过程监测情况，验证说明高精度无线电测速手段可提供精准、实时的 EDL 状态监测情况。当该探测器按照预计计划开展月面着陆的 EDL 过程中，通过地面无线电天线对某月球探测器进行跟踪测量，采集与记录其下行信号，并实时传输至信号处理中心，通过开环测速软件对其主载波信号进行处理与分析，用以监测该探测器在 EDL 过程中所呈现出的特征。该探测器的下行信号频谱如图 8.4 所示，频谱中的主载波与遥测信号清晰可见。

本节从外测角度分析该月球探测器着陆月球全过程状态，对该探测器信号进行实时开环测速信号处理与分析，进而分析与研判该探测器着陆月球全过程的飞行状态。

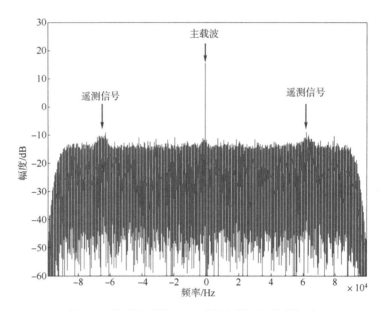

图 8.4 月球探测器 EDL 过程中的下行信号频谱

图 8.5 为该探测器着陆过程远程实时监测的结果显示，图 8.5 中，左上图为信号实时频谱图，右上图为实时信号功率谱，左下图为实时累积的测站接收主载波估计频率，右下图为实时累积的主载波信号载噪比。从图 8.5 可以较为清晰地看出，该探测器外测频率与载噪比存在几个明显的阶段，并呈现明显的特征。为精准说明现象，通过事后回放信号进行开环测速处理结果，更清晰化地展示该探测器落月全过程状态。

图 8.6 为该探测器基于开环测量的主载波频率测量结果，这是一张整体外测效果图，积分时间为 1 s，即 1 s 一个采样点。从图中可以看出，该探测器主载波频率呈现出以下明显阶段，分别是：正常飞行阶段、第一次制动过程、精准制动过程、悬停下降着陆驻留过程，其中在第一次制动过程与第二次精准制动过程还存在一个测控模式切换点。值得说明的是，在图 8.6 中，各阶段的划分，与事后该探测器公布的落月过程吻合较好。在图 8.6 的整体外测效果图中，该探测器悬停下降、着陆驻留过程，在整体效果图中区分特征不明显，其原因在于观察尺度较大，悬停下降的速度已经很小，与着陆驻留时的该探测器相对于地面测站的相对速度差异较小。因此将在下面的局部放大图中，去清晰刻画与区分悬停下降与月面着陆、月面驻留过程的清晰外测特征。综上，通过图 8.6 的外测结果，全貌掌握展示了该探测器落月过程中的整体态势。

第 8 章 深空探测器飞行运动状态监测应用

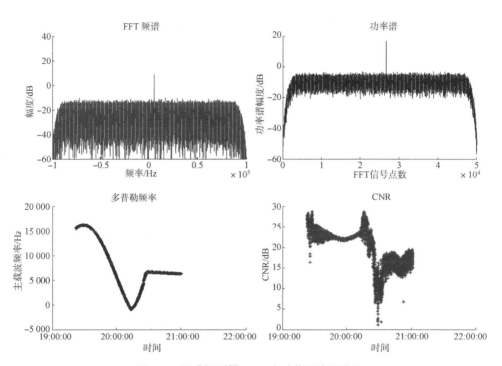

图 8.5 月球探测器 EDL 实时监测结果显示

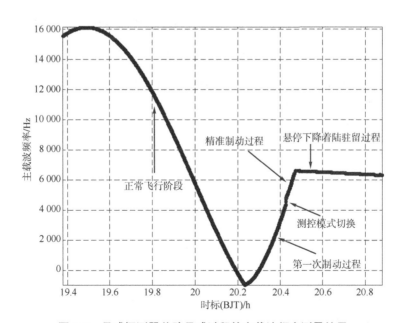

图 8.6 月球探测器着陆月球过程的主载波频率测量结果

图 8.7 为月球探测器着陆月球全过程中的主载波信号载噪比监测结果,从图中可以看出,此时载噪比呈现出 3 段明显特征,即正常飞行阶段的平稳特征、制动与姿态调整过程中的抖动特征、着陆驻留后的平稳特征。

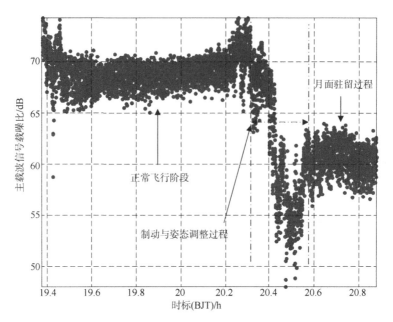

图 8.7　月球探测器着陆月球过程中的主载波信号载噪比监测结果

进一步将图 8.6 进行放大分析,获取其放大图如图 8.8 所示。观察图 8.8,通过局部化放大图,清晰展示了该探测器的精准控制结束时刻、姿态调整与悬停过程、着陆月面时刻点、月面驻留过程,这些都清晰可见,将图 8.6 中的宏观监测结果更加精细、精准地显示出来。

通过以上开环测速信号处理分析,非常精准地刻画还原了该探测器着陆月球的关键过程。与此同时,通过信号处理分析,判定了几个重要时刻点,这几个时刻点信息,结果如下:

(1) 第一次制动开始时刻点:20 时 13 分 50 秒;
(2) 测控模式切换后精准制动开始时刻点:20 时 25 分 30 秒;
(3) 悬停下降开始时刻点:20 时 28 分 10 秒;
(4) 着陆月面时刻点:20 时 32 分 45 秒。

综上,通过探测器外测信号测速处理分析,精准有效地对探测器的 EDL 过程的飞行状态进行了监测。

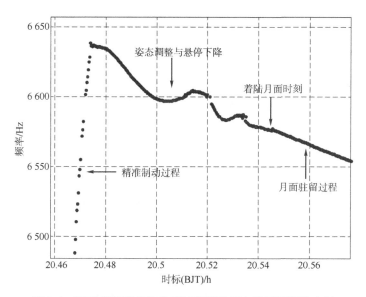

图 8.8　月球探测器着陆月球过程载波频率结果局部放大图

8.3　本章小结

本章重点介绍了基于地基无线电测速手段,对深空探测器变轨、调姿、进入下降与着陆等飞行状态进行灵敏监测的应用情况,具体包含深空探测器巡航过程飞行运动状态监测与 EDL 飞行运动状态监测等两个应用案例,有效验证了基于高精度测速结果可实现对在轨探测器飞行运动状态的精准监测。

参 考 文 献

[1] Laboratory Jet Propulsion. DSN Now [EB/OL]. [2024-10-29]. https://eyes.nasa.gov/dsn/dsn.html.

[2] 张荣桥. "天问一号"开启我国行星探测新征程 [J]. 中国航天, 2021 (06): 9-10.

[3] 万卫星, 魏勇, 郭正堂, 等. 从深空探测大国迈向行星科学强国 [J]. 中国科学院院刊, 2019, 34 (7): 748-755.

[4] 唐歌实. 深空测控无线电测量技术 [M]. 北京: 国防工业出版社, 2012.

[5] 董光亮, 李海涛, 郝万宏, 等. 中国深空测控系统建设与技术发展 [J]. 深空探测学报, 2018, 5 (2): 99-114.

[6] 吴伟仁, 李海涛, 李赞, 等. 中国深空测控网现状与展望 [J]. 中国科学: 信息科学, 2020, 50 (1): 87-108.

[7] 郝万宏, 李海涛, 黄磊, 等. 建设中的深空测控网甚长基线干涉测量系统 [J] 飞行器测控学报, 2012, 31 (S1): 34-37.

[8] 王美, 陈略, 韩松涛, 等. 深空测控网干涉测量系统在"鹊桥"任务中的应用分析 [J]. 深空探测学报, 2018, 5 (6): 539-543.

[9] 陈略, 唐歌实, 任天鹏, 等. 再入返回飞行试验深空网干涉测量应用分析 [J]. 飞行器测控学报, 2015, 34 (5): 407-413.

[10] 陈略, 唐歌实, 陈明, 等. 基于通用测控信号的多频点同波束干涉测量 [J]. 中国空间科学技术, 2012, 32 (6): 68-74.

[11] 任天鹏, 路伟涛, 陈略, 等. 高精度相位参考甚长基线干涉测量技术与试验验证 [J]. 中国空间科学技术, 2018, 38 (6): 67-72.

[12] 路伟涛, 陈略, 任天鹏, 等. 一种基于航天器通用下行信号相关处理的干涉测量方法及验证 [J]. 载人航天, 2020, 26 (2): 179-184.

[13] 韩松涛,陈略,任天鹏,等. 中国深空网首次 ΔDOR 联合测轨试验分析 [J]. 飞行器测控学报,2014,33(3):258-261.

[14] 韩松涛,平劲松. 深空测控射电测量 [M]. 北京:机械工业出版社,2019.

[15] JAMES S B, GABOR E L, DONG K S. Radiometric Tracking for Deep Space Navigation [EB/OL]. [2024-10-29]. https://onlinelibrary.wiley.com/doi/pdf/10.1002/0471728454.fmatter.

[16] BORDER C L, THORNTON J S. Radiometric Tracking Techniques for Deep-Space Navigation [M]. Newyork: Wiley, 2003.

[17] CHANG C, PHAM T. DSN Telecommunications Link Design Handbook [R]. Jet Propulsion Laboratory, 2019.

[18] IESS L, DI BENEDETTO M, MARABUCCI M, et al. Improved Doppler Tracking Systems for Deep Space Navigation [C] //23rd International Symposium on Space Flight Dynamics (ISSFD-2012), Pasadena, 2012.

[19] ROSENBLATT P, LAINEY V, LE MAISTRE S, et al. Accurate Mars Express Orbits to Improve the Determination of the Mass and Ephemeris of the Martian Moons [J]. Planetary and Space Science, 2008, 56 (7): 1043-1053.

[20] MEEGYEONG P, ASMAR S W. Detecting High Dynamics Signals from Open-Loop Radio Science Investigations [J]. Proceedings of the IEEE, 2011, 99 (5): 881-888.

[21] HE Q B, YANG Y Z, LI F, et al. Using Cross Correlation to Estimate Doppler Frequency [J]. Advances in Space Research, 2020, 65 (7): 1772-1780.

[22] CHEN W, HUANG L. Research on Open-Loop Measurement Technique for Spacecraft [C] //Proceedings of the 27th Conference of Spacecraft TT&C Technology in China, Guangzhou, China, 2015: 185-197.

[23] BOCANEGRA-BAHAMÓN T M, MOLERA C G, GURVITS L I, et al. Venus Express Radio Occultation Observed by PRIDE [J]. Astronomy and Astrophysics, 2019: 624-638.

[24] BOCANEGRA-BAHAMÓN T M, MOLERA C G, GURVITS L I, et al. Planetary Radio Interferometry and Doppler Experiment (PRIDE) Technique: a Test Case of the Mars Express Phobos Flyby. II. Doppler Tracking: Formulation of Observed and Computed Values, and Noise Budget [J]. Astronomy and Astrophysics, 2018, 609: A59.

[25] BUCCINO D, KAHAN D, YANG O, et al. Initial Operations Experience and Results from the Juno Gravity Experiment [C] //2018 IEEE Aerospace Conference, MT: IEEE, 2018: 1-8.

[26] JIAN N C, SHANG K, ZHANG S J, et al. A Digital Open-Loop Doppler Processing Prototype for Deep-Space Navigation [J]. Science in China Series G: Physics, Mechanics and Astronomy, 2009, 52 (12): 1849-1857.

[27] BEDROSSIAN A. 209 Open-Loop Radio Science [R]. 2019.

[28] BHASKARAN S. The Application of Noncoherent Doppler Data Types for Deep Space Navigation [R]. 1995.

[29] OHNSTON D, ASMAR S, CHANG C, et al. Radio Science Receiver Support of the Mars Exploration Rover Landings [C] //3rd International Workshop on Tracking Commands Systems, Darmstadt, Germany, 2004.

[30] SORIANO M, JACOBS C, NAVARRO R, et al. Improved Spacecraft Tracking and Navigation Using a Portable Radio Science Receiver [C] //2013 IEEE Aerospace Conference, MT: IEEE, 2013: 1-11.

[31] TYLER G L, BALMINO G, HINSON D P, et al. Radio Science Investigations with Mars Observer [J]. Journal of Geophysical Research, 1992, 97: 7759.

[32] DUEV D A, MOLERA C G, POGREBENKO S V, et al. Spacecraft VLBI and Doppler Tracking: Algorithms and Implementation [J]. Astronomy and Astrophysics, 2012: 541.

[33] BUCCINO D R, KAHAN D S, YANG O O. Kamal Extraction of Doppler Observables from Open-Loop Recordings for the Juno Radio Science Investigation [C] //URSI National Radio Science Meeting, Boulder, Colorado, 2018.

[34] 平劲松, 简念川, 张添翼, 等. 47亿千米距离上的追踪——研究团队成功测量到即将飞掠冥王星的"新地平线"探测器多普勒速度 [J]. 深空探测学报, 2015, 2 (2): 192.

[35] ZHANG T Y, MENG Q, PING J S, et al. A Real-Time, High-Accuracy, Hardware-Based Integrated Parameter Estimator for Deep Space Navigation and Planetary Radio Science Experiments [J]. Measurement Science and Technology, 2018, 30 (1): 015007.

[36] TOGNI A, ZANNONI M, CASAJÚS L G, et al. An FFT-based method for

Doppler Observables Estimation in Deep Space Tracking［C］//2021 IEEE 8th International Workshop on Metrology for AeroSpace（MetroAeroSpace），Naples，Italy：IEEE，2021：294-299．

［37］DENG T，MA M，LIU Q H，et al．High-Precision Carrier Tracking Algorithm for Extremely Weak and High-Dynamic Signals［J］．Radio Science，2021，56（5）：e2021RS007277．

［38］陈略，平劲松，张建辉，等．中国深空网成功实施"卡西尼号"探测器坠入土星测量试验［J］．深空探测学报，2017，4（05）：491-492．

［39］陈略，平劲松，李文潇，等．基于中国深空站的木星探测器开环测量试验［J］．深空探测学报，2018，5（04）：382-386．

［40］陈略，谢剑锋，韩松涛，等．"嫦娥四号"中继星开环测速方案设计与试验验证［J］．深空探测学报，2019，6（03）：236-240．

［41］CHEN L，PING J S，LIU X，et al．Preliminarily Study of Saturn's upper Atmosphere Density by Observing Cassini Plunging Via China's Deep Space Station［J］．Research in Astronomy and Astrophysics，2020，20（7）：102．

［42］CHEN L，PING J S，CAO J F，et al．Retrieving Doppler Frequency Via Local Correlation Method of Segmented Modeling［J］．Remote Sensing，2021，13（14）：2846．

［43］TANG J F，XIA L H，MAHAPATRA R．An Open-Loop System Design for Deep Space Signal Processing Applications［J］．Acta Astronautica，2018，147：259-272．

［44］MILANI A，ROSSI A，VOKROUHLICKÝ D，et al．Gravity Field and Rotation State of Mercury from the BepiColombo Radio Science Experiments［J］．Planetary and Space Science，2001，49（14）：1579-1596．

［45］KLIORE A J，ANDERSON J D，ARMSETRONG J W，et al．Cassini Radio Science［J］．Space Science Reviews，2004，115（1）：1-70．

［46］ANTONIO G S，GOOSSENS F G，LEMOINE E M，et al．Seasonal and Static Gravity Field of Mars from MGS，Mars Odyssey and MRO Radio Science［J］．Icarus，2016，272：228-245．

［47］SERRA D，DIMARE L，TOMMEI G，et al．Gravimetry，Rotation and Angular Momentum of Jupiter from the Juno Radio Science Experiment［J］．Planetary and Space Science, 2016, 134: 100-111.

[48] FOLKNER W M, IESS L, ANDERSON J D, et al. Jupiter Gravity Field Estimated from the First Two Juno Orbits [J]. Geophysical Research Letters, 2017, 44 (10): 4694-4700.

[49] IESS L, FOLKNER W M, DURANTE D, et al. Measurement of Jupiter's Asymmetric Gravity Field [J]. Nature, 2018, 555 (7695): 220-222.

[50] HÄUSLER B, PÄTZOLD M, TYLER G L, et al. Radio Science Investigations by VeRa Onboard the Venus Express Spacecraft [J]. Planetary and Space Science, 2006, 54 (13): 1315-1335.

[51] ASMAR S W. Planetary Radio Science: Investigations of Interiors, Surfaces, Atmospheres, Rings, and Environments [EB/OL]. [2024-10-29]. https://www.lpi.usra.edu/decadal/sbag/topical_wp/Radio Science Decadal White Paper090915.pdf.

[52] TELLMANN S, HÄUSLER B, HINSON D P, et al. Small-Scale Temperature Fluctuations Seen by the VeRa Radio Science Experiment on Venus Express [J]. Icarus, 2012, 221 (2): 471-480.

[53] ASMAR S W, FRENCH R G, MAROUF E A, et al. Cassini Radio Science User's Guide [R]. Jet Propulsion Laboratory, California Institute of Technology, 2018: 70.

[54] PETER K, PÄTZOLD M, MOLINA-CUBEROS G J, et al. The Lower Dayside Ionosphere of Mars from 14 Years of MaRS Radio Science Observations [J]. Icarus, 2021, 359: 114213.

[55] BOCANEGRA-BAHAMON T M, GURVITS, L I, MOLERA C G, et al. VLBI and Doppler Tracking of Spacecraft for Planetary Atmospheric Studies [C] // 14th European VLBI Network Symposium & Users Meeting, 2019: 1-6.

[56] PÄTZOLD M, HÄUSLER B, TYLER G L, et al. Mars Express 10 Years at Mars: Observations by the Mars Express Radio Science Experiment (MaRS) [J]. Planetary and Space Science, 2016, 127: 44-90.

[57] OSCHLISNIOK J, HÄUSLER B, PÄTZOLD M, et al. Sulfuric Acid Vapor and Sulfur Dioxide in the Atmosphere of Venus as Observed by the Venus Express Radio Science Experiment VeRa [J]. Icarus, 2021, 362: 114405.

[58] GENOVA A. ORACLE: A Mission Concept to Study Mars' Climate, Surface and Interior [J]. Acta Astronautica, 2020, 166: 317-329.

[59] DEHANT V, LE M S, BALAND R M, et al. The Radioscience LaRa Instrument Onboard ExoMars 2020 to Investigate the Rotation and Interior of Mars [J]. Planetary and Space Science, 2020, 180: 104776.

[60] LE M S, ROSENBLATT P, DEHANT V, et al. Mars Rotation Determination from a Moving Rover Using Doppler Tracking Data: What Could be Done? [J]. Planetary and Space Science, 2018, 159: 17-27.

[61] LE M S. In Sight Coordinates Determination from Direct-to-Earth Radio-Tracking and Mars Topography Model [J]. Planctary and Space Science, 2016, 121: 1-9.

[62] ASMAR S W, RENZETTI N A. The Deep Space Network as an Instrument for Radio Science Research [R]. 1993: 21456.

[63] 吴伟仁, 李海涛, 李赞, 等. 中国深空测控网现状与展望 [J]. 中国科学: 信息科学, 2020, 50 (01): 87-108.

[64] 郝万宏, 陆明泉. 嫦娥三号落月段中欧联合测量弱信号相位估计 [J]. 武汉大学学报 (信息科学版), 2019, 44 (10): 1442-1448.

[65] 王赤, 张贤国, 徐欣锋, 等. 中国月球及深空空间环境探测 [J]. 深空探测学报, 2019, 6 (02): 105-118.

[66] HAO W H, LU M Q, LI Z, et al. The High Dynamics Tracking Capability for Power Descending in Chinese Chang'e-3 Mission [J]. Advances in Space Research, 2017, 60 (1): 82-89.

[67] TINTO M. 209 Open-Loop Radio Science [R]. JPL, 2000.

[68] 平劲松, 王明远, 张素君, 等. 推进行星无线电科学探测研究在我国深空探测中的发展 [C] // 中国宇航学会深空探测技术专业委员会第六届学术年会暨863计划"深空探测与空间实验技术"重大项目学术研讨会, 三亚, 2009: 6.

[69] HOWARD H T, TYLER G L, FJELDBO G, et al. Venus: Mass, Gravity Field, Atmosphere, and Ionosphere as Measured by the Mariner 10 Dual-Frequency Radio System [J]. Science, 1974, 183 (4131): 1297-1301.

[70] SEIFF A, SCHOFIELD J T, KLIORE A J, et al. Models of the Structure of the Atmosphere of Venus from the Surface to 100 Kilometers Altitude [J]. Advances

in Space Research, 1985, 5 (11): 3-58.

[71] LINDAL G F, LYONS J R, SWEETNAM D N, et al. The Atmosphere of Uranus: Results of Radio Occultation Measurements with Voyager 2 [J]. Journal of Geophysical Research: Space Physics, 1987, 92 (A13): 14987-15001.

[72] LINDAL G F, LYONS J R, SWEETNAM D N, et al. The Atmosphere of Neptune: Results of Radio Occultation Measurements with the Voyager 2 Spacecraft [J]. Geophysical Research Letters, 1990, 17 (10): 1733-1736.

[73] ASMAR S W, ARMSETRONG J W, IESS L, et al. Precision of Radio Science Instrumentation for Planetary Exploration [C] //Third ESA International Workshop Tracking, Telemetery and Command Systems For Space Applications, Darmstadt, Germany, 2004.

[74] ASMAR S W, ARMSETRONG J W, IESS L, et al. Spacecraft Doppler Tracking: Noise Budget and Accuracy Achievable in Precision Radio Science Observations [J]. Radio Science, 2005, 40 (2): 1-9.

[75] MADDE R, MORLEY T, LANUCARA M, et al. A Common Receiver Architecture for ESA Radio Science and Delta-DOR Support [J]. Proceedings of the IEEE, 2007, 95 (11): 2215-2223.

[76] LE M S, ROSENBLATT P, RIVOLDINI A, et al. Lander Radio Science Experiment with a Direct Link between Mars and the Earth [J]. Planetary and Space Science, 2012, 68 (1): 105-122.

[77] BEST R E. Phase-Locked Loops: Design, Simulation, and Applications [M]. McGraw-Hill Education, 2007.

[78] FRIGO M, JOHNSON S G. FFTW: an Adaptive Software Architecture for the FFT [C] //Proceedings of the 1998 IEEE International Conference on Acoustics, Speech and Signal Processing, 1998: 1381-1384.

[79] RABINER L R, SCHAFER R W, RADER C M. The Chirp Z - Transform Algorithm and Its Application [J]. The Bell System Technical Journal, 1969, 48 (5): 1249-1292.

[80] WHITNEY A. VLBI Standard Interface Specification [R]. 2002.

[81] Standard Draft Recommended, Book Red. Delta-DOR Raw Data Exchange Format [R]. 2010.

[82] MATOUSEK S. The Juno New Frontiers Mission [J]. Acta Astronautica, 2007, 61 (10): 932-939.

[83] BOLTON S J, LUNINE J, STEVENSON D, et al. The Juno Mission [J]. Space Science Reviews, 2017, 213 (1): 5-37.

[84] Laboratory Jet Propulsion. NASA Eyes [EB/OL]. [2023-03-06]. https://eyes.nasa.gov/.

[85] RYAN M D H, ANTHONY M, JIM T, et al. Juno Telecommunications [R]. Jet Propulsion Laboratory, 2012.

[86] 董光亮, 李国民, 王新永, 等. 中国深空网: 系统设计与关键技术 (中) S/X/Ka 三频段深空测控通信系统 [M]. 北京: 清华大学出版社, 2016.

[87] DUEV D A, POGREBENKO S V, CIMÒ G, et al. Planetary Radio Interferometry and Doppler Experiment (PRIDE) Technique: a Test Case of the Mars Express Phobos Fly-by [J]. Astronomy & Astrophysics, 2016, 593: A34.

[88] BOCANEGRA-BAHAMÓN T M, CALVÉS G M, GURVITS L I, et al. Planetary Radio Interferometry and Doppler Experiment (PRIDE) Technique: a Test Case of the Mars Express Phobos Flyby-II. Doppler Tracking: Formulation of Observed and Computed Values, and Noise Budget [J]. Astronomy & Astrophysics, 2018, 609: A59.

[89] ROSENBLATT P, LAINEY V, LE M S, et al. Accurate Mars Express Orbits to Improve the Determination of the Mass and Ephemeris of the Martian Moons [J]. Planetary and Space Science, 2008, 56 (7): 1043-1053.

[90] CAO J F, HUANG Y, HU X G, et al. Mars Express Tracking and Orbit Determination Trials with Chinese VLBI Network [J]. Chinese Science Bulletin, 2010, 55 (32): 3654-3660.

[91] VERMA A. Improvement of the Planetary Ephemerides Using Spacecraft Navigation Data and Its Application to Fundamental Physics [J]. arXiv Preprint arXiv: 1403.2817, 2014.

[92] JONES A. China Quietly Used NASA's Jupiter Probe to Test Its Deep Space Network [EB/OL]. https://spacenews.com/china-quietly-used-nasas-jupiter-probe-to-test-its-deep-space-network/.

[93] STURM E J. Cassini's Grand Finale: a Mission Planning Retrospective [C]. 2018 IEEE Aerospace Conference, 2018: 1-6.

[94] WU W R, LI C L, ZUO W, et al. Lunar Farside to be Explored by Chang'e-4 [J]. Nature Geoscience, 2019, 12 (4): 222-223.

[95] 曹建峰, 张宇, 陈略, 等. 利用多普勒测量确定嫦娥四号着陆器精密定轨 [J]. 宇航学报, 2020, 41 (7): 920: 926.

[96] MOORE L E, MENDILLO M, MÜLLER-WODARG I C F, et al. Modeling of Global Variations and Ring Shadowing in Saturn's Ionosphere [J]. Icarus, 2004, 172 (2): 503-520.

[97] KOSKINEN T T, GUERLET S. Atmospheric Structure and Helium Abundance on Saturn from Cassini/UVIS and CIRS Observations [J]. Icarus, 2018, 307: 161-171.

[98] YELLE R V, SERIGANO J, KOSKINEN T T, et al. Thermal Structure and Composition of Saturn's Upper Atmosphere from Cassini/Ion Neutral Mass Spectrometer Measurements [J]. Geophysical Research Letters, 2018, 45 (20): 10951-10958.

[99] WAITE J H, COMBI M R, IP W H, et al. Cassini Ion and Neutral Mass Spectrometer: Enceladus Plume Composition and Structure [J]. Science, 2006, 311 (5766): 1419-1422.

[100] ZOU Y L, ZHU Y, BAI Y F, et al. Scientific Objectives and Payloads of Tianwen-1, China's First Mars Exploration Mission [J]. Advances in Space Research, 2021, 67 (2): 812-823.

[101] HOWARD H T, TYLER G L, ESPOSITO P B, et al. Mercury: Results on Mass, Radius, Ionosphere, and Atmosphere from Mariner 10 Dual-Frequency Radio Signals [J]. Science, 1974, 185 (4146): 179-180.

[102] BROADFOOT A L, SHEMANSKY D E, KUMAR S. Mariner 10: Mercury Atmosphere [J]. Geophysical Research Letters, 1976, 3 (10): 577-580.

[103] POTTER A, MORGAN T. Discovery of Sodium in the Atmosphere of Mercury [J]. Science, 1985, 229 (4714): 651-653.

[104] POTTER A E, MORGAN T H. Potassium in the Atmosphere of Mercury [J]. Icarus, 1986, 67 (2): 336-340.

[105] MANGANO V, DÓSA M, FRÄNZ M, et al. BepiColombo Science Investigations during Cruise and Flybys at the Earth, Venus and Mercury [J]. Space Science Reviews, 2021, 217 (1): 23.

[106] TELLMANN S, PÄTZOLD M, HÄUSLER B, et al. Structure of the Venus Neutral Atmosphere as Observed by the Radio Science Experiment VeRa on Venus Express [J]. Journal of Geophysical Research: Planets, 2009, 114 (E9) -E00B36: 1-19.

[107] HINSON D P, SIMPSON R A, TWICKEN J D, et al. Initial Results from Radio Occultation Measurements with Mars Global Surveyor [J]. Journal of Geophysical Research: Planets, 1999, 104 (E11): 26997-27012.

[108] TELLMANN S, PÄTZOLD M, HÄUSLER B, et al. The Structure of Mars Lower Atmosphere from Mars Express Radio Science (MaRS) Occultation Measurements [J]. Journal of Geophysical Research: Planets, 2013, 118 (2): 306-320.

[109] GILES R S, GREATHOUSE T K, BONFOND B, et al. Possible Transient Luminous Events Observed in Jupiter's Upper Atmosphere [J]. Journal of Geophysical Research: Planets, 2020, 125 (11): e2020JE006659.

[110] GILES R S, GREATHOUSE T K, KAMMER J A, et al. Detection of a Bolide in Jupiter's Atmosphere with Juno UVS [J]. Geophysical Research Letters, 2021, 48 (5): e2020GL091797.

[111] STALLARD T S, MELIN H, MILLER S, et al. The Great Cold Spot in Jupiter's Upper Atmosphere [J]. Geophysical Research Letters, 2017, 44 (7): 3000-3008.

[112] EDGINGTON S G, SPILKER L J. Cassini's Grand Finale [J]. Nature Geoscience, 2016, 9 (7): 472-473.

[113] ALTOBELLI N, SPILKER L J, EDGINGTON S G. Cassini's Swan Song [J]. Nature Astronomy, 2017, 1 (9): 560.

[114] TAYLOR F W, CALCUTT S B, IRWIN P G J, et al. Investigation of Saturns Atmosphere by Cassini [J]. Planetary and Space Science, 1998, 46 (9): 1315-1324.

[115] KLIORE A J, NAGY A F, MAROUF E A, et al. Midlatitude and High-Latitude Electron Density Profiles in the Ionosphere of Saturn Obtained by Cassini Radio

Occultation Observations [J]. Journal of Geophysical Research: Space Physics, 2009, 114 (A4), A04315: 1-8.

[116] NAGY A F, KLIORE A J, MENDILLO M, et al. Upper Atmosphere and Ionosphere of Saturn [M]. Springer Netherlands, 2009.

[117] YAM C H, DAVIS D C, LONGUSKI J M, et al. Saturn Impact Trajectories for Cassini End-of-Mission [J]. Journal of Spacecraft and Rockets, 2009, 46 (2): 353-364.

[118] KOSKINEN T T, SANDEL B R, YELLE R V, et al. Saturn's Variable Thermosphere from Cassini/UVIS Occultations [J]. Icarus, 2015, 260: 174-189.

[119] FLETCHER L N. Saturn's Seasonal Atmosphere [J]. Astronomy & Geophysics, 2017, 58 (4): 426-430.

[120] HICKEY A, DURANTE D, RACIOPPA P, et al. Using Orbit Determination to Infer Saturn's Atmospheric Density Profile during the Final Moments of Cassini's Plunge [C] //20th EGU General Assembly Proceedings from the Conferenc, Vienna, Austria, 2018: 5127.

[121] HERBERT F, SANDEL B R, YELLE R V, et al. The Upper Atmosphere of Uranus: EUV Occultations Observed by Voyager 2 [J]. Journal of Geophysical Research: Space Physics, 1987, 92 (A13): 15093-15109.

[122] JEON H S, CHO S, KWAK Y S, et al. Mass Density of the Upper Atmosphere Derived from Starlette's Precise Orbit Determination with Satellite Laser Ranging [J]. Astrophysics and Space Science, 2011, 332 (2): 341-351.

[123] MEHTA P M, WALKER A, LAWRENCE E, et al. Modeling Satellite Drag Coefficients with Response Surfaces [J]. Advances in Space Research, 2014, 54 (8): 1590-1607.

[124] PETIT G, LUZUM B. IERS Conventions (2010) [R]. Bureau International des Poids et Mesures Sevres (France), 2010.

[125] 张素君, 平劲松, 洪振杰, 等. 星-地无线电掩星技术探测火星大气和电离层 [J]. 物理, 2009, 38 (10): 722-728.

[126] 郭鹏. 无线电掩星技术与 CHAMP 掩星资料反演 [D]. 中国科学院上海天文台博士学位论文, 2006.

[127] FJELDBO G, KLIORE A J, ESHLEMAN V R. The Neutral Atmosphere of

Venus as Studied with the Mariner V Radio Occultation Experiments [J]. The Astronomical Journal, 1971, 76: 123.

[128] WITHERS P. Prediction of Uncertainties in Atmospheric Properties Measured by Radio Occultation Experiments [J]. Advances in Space Research, 2010, 46 (1): 58-73.

[129] WITHERS P. Revised Predictions of Uncertainties in Atmospheric Properties Measured by Radio Occultation Experiments [J]. Advances in Space Research, 2020, 66 (10): 2466-2475.

[130] FOLKNER W M, PARK R S, JACOBSON R A. Planetary Ephemeris DE435 [R]. California Institute of Technology, 2016.

[131] IESS L, MILITZER B, KASPI Y, et al. Measurement and Implications of Saturn's Gravity Field and Ring Mass [J]. Science, 2019, 364 (6445): 2965.

[132] WAITE J H, PERRYMAN R S, PERRY M E, et al. Chemical Interactions between Saturn's Atmosphere and Its Rings [J]. Science, 2018, 362: 6410.

[133] CRAVENS T E, MOORE L, WAITE J H, et al. The Ion Composition of Saturn's Equatorial Ionosphere as Observed by Cassini [J]. Geophysical Research Letters, 2019, 46 (12): 6315-6321.

[134] 陈略, 王美, 简念川, 等. "天问一号"无线电掩星观测试验及特征分析 [J]. 深空探测学报（中英文）, 2023, 10 (01): 80-87.

[135] CHEN L, LI H T, FAN F, et al. Method and Application of High-Precision Open-Loop Velocity Measurement of Tianwen-1 Probe [J]. Space Science Technology, 2024, 4: 0105. DOI: 10.34133/Space.0105.

[136] LIU M, CHEN L, JIAN N C, et al. Preliminary Estimations of Mars Atmospheric and Ionospheric Profiles from Tianwen-1 Radio Occultation One-Way, Two-Way, and Three-Way Observations [J]. Remote Sensing. 2023, 15: 5506. https://doi.org/10.3390/rs15235506.

[137] 胡东伟, 陈杰, 石寅, 等. BPSK调制高动态遥测接收机的设计 [J]. 电子科技大学学报 [J]. 2011, 40 (5): 691-696.

[138] 潘曦, 聂玉平. 精确打击武器中高动态GPS跟踪算法及改进研究 [J]. 兵工学报, 2011, 32 (12): 1443-1447.

[139] 郑兴平, 寇艳红. 高动态GPS接收机跟踪环路设计与实现 [J]. 无线电工

程, 2010, 40 (1): 26-28.

[140] 帅涛, 刘会杰, 梁旭文, 等. 一种大频偏和低信噪比条件下的全数字锁相环设计 [J]. 电子与信息学报, 2005, 27 (8): 1208-1212.

[141] GUAN Y F, ZHANG Z Y, LAI L F. DPLL Implementation in Carrier Acquisition and Tracking for Burst DS-CDMA Receivers [J]. Journal of ZheJiang University Sceince, 2003, 4 (5): 526-531.

[142] 管云峰, 张朝阳, 焦向峰, 等. 突发模式 DS-CDMA-QPSK 接收机的设计与实现 [J]. 电路与系统学报, 2001, 6 (4): 45-50.

[143] 范莹莹, 张文军, 管云峰. 一种基于 DFLL 载波捕获新方法的研究 [J]. 2005 (11): 12-15.

[144] RAO C R, ZHAO L C. Asymptotic Behavior of Maximum Likelihood Estimates of Superimposed Exponential Signals [J]. IEEE Trans. on Signal Processing, 1993, 41 (3): 1461-1464.

[145] 张荣桥, 刘山洪, 李海涛, 等. 基于"天问一号"数据的自主火星重力场构建 [J]. 中国科学: 物理学 力学 天文学, 2023, 53 (08): 189-196.

[146] LIU S H, et al. An Independent Degree-Eight Mars Gravity Field Model and the Expected Results from the Tianwen-1 Mission [J]. Research in Astronomy and Astrophysics, 2023: 105006.

[147] WANG Z C, MA M L, et al. Application of the Tianwen-1 DOR Signals Observed by Very Long Baseline Interferometry Radio Telescopes in the Study of Solar Wind Plasma and a Coronal Mass Ejection [J]. The Astrophysical Journal Supplement Series 269, 2023 (2): 57.

[148] JIAN N C. A New Method to Determine the Gravity Field of Small Bodies from Line-of-Sight Acceleration Data [J]. Research in Astronomy and Astrophysics, 2019: 048.

[149] ZHANG S J. Ionospheric Inversion of the Venus Express Radio Occultation Data Observed by Shanghai 25 m and New Norcia 35 m Antennas [J]. Research in Astronomy and Astrophysics, 2015: 1559.

[150] YAO M J. Variability of the Martian Ionosphere from the MAVEN Radio Occultation Science Experiment [J]. Earth and Planetary Physics, 2019: 283-289.

[151] WANG J Y. Optimization of the Mars Ionospheric Radio Occultation Retrieval [J]. Earth and Planetary Physics, 2018: 292-302.

[152] QIN J F. A Method of Estimating the Martian Neutral Atmospheric Density at 130 km, and Comparison of Its Results with Mars Global Surveyor and Mars Odyssey Aerobraking Observations Based on the Mars Climate Database Outputs [J]. Earth and Planetary Physics, 2020, 4 (4): 408-419.

[153] QIN S H, HUANG Y, LI P J, et al. Trajectory Estimation Analysis and Low Degree Gravity Field Recovery Based on Juno Tracking Data [J]. Geomatics and Information Science of Wuhan University, 2023, 48 (1): 65-74.

[154] NI D D. Understanding Saturn's Interior from the Cassini Grand Finale Gravity Measurements [J]. Astronomy & Astrophysics, 2020, 639: A10.

[155] CHEN X, YANG J, SHI L. A Fast Locking All-Digital Phase-Locked Loop Via Feed-Forward Compensation Technique [J]. IEEE Transactions on Very Large Scale Integration (VLSI) Systems, 2011, 19 (5): 857-868.

[156] BUCCINO D R, OUDRHIRI K, PARISI M, et al. Precision of Spacecraft Doppler Tracking at Low Signal-to-Noise Ratios [J]. Radio Science, 2023, 58 (7): 1-8.

图 1.1 中国深空测控网示意图

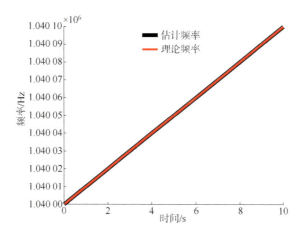

图 3.9 无噪声条件下的估计频率与理论频率的对比

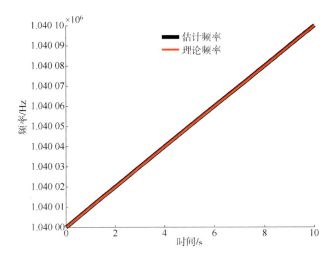

图 3.12 加噪声条件下的估计频率与理论频率的比对情况

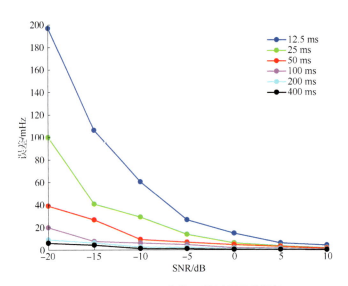

图 3.14 不同 SNR 条件下的测量误差统计

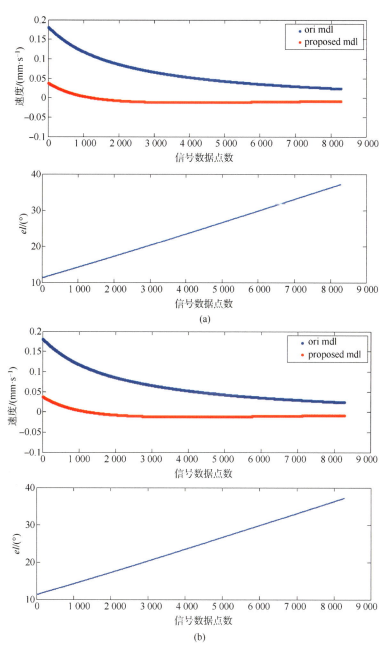

图 4.6 不同对流层延迟模型延迟率与实测值对比

(a) 2021.06.09; (b) 2021.06.10

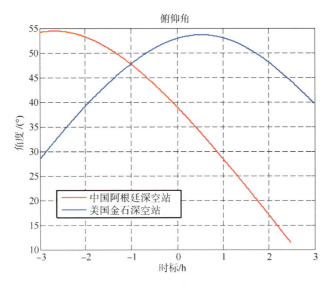

图 5.3　2016 年 10 月 20 日 Juno 近木点时刻附近的天线观测俯仰角

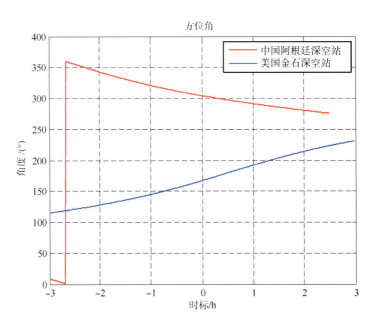

图 5.4　2016 年 10 月 20 日 Juno 近木点时刻附近的天线观测方位角

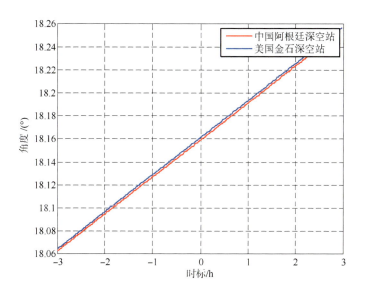

图 5.5　2016 年 10 月 20 日 Juno 近木点时刻附近测站-木星连线与测站-日心连线夹角

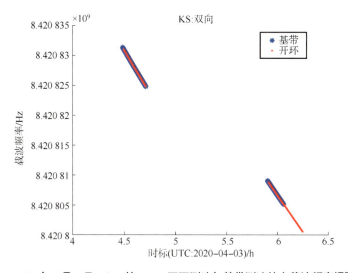

图 5.12　2020 年 4 月 3 日 KS01 的 MEX 开环测速与基带测速的主载波频率提取结果

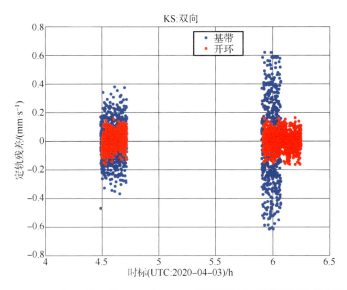

图 5.13　2020 年 4 月 3 日 KS01 的 MEX 开环测速与基带测速的定轨残差

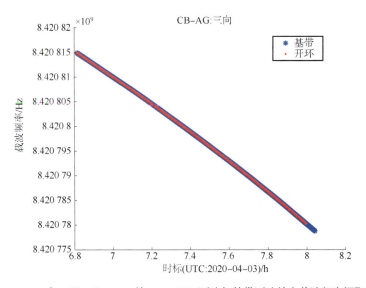

图 5.14　2020 年 4 月 3 日 AG01 的 MEX 开环测速与基带测速的主载波频率提取结果

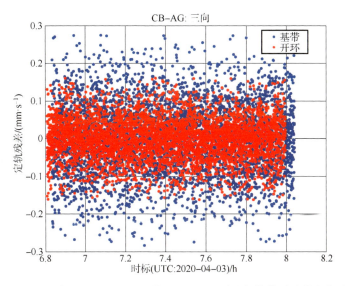

图 5.15　2020 年 4 月 3 日 AG01 的 MEX 开环测速与基带测速的定轨残差

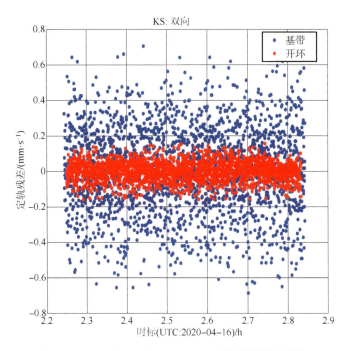

图 5.22　2020 年 4 月 16 日 KS01 双向测量模式下的
MEX 开环测速与基带测速定轨残差

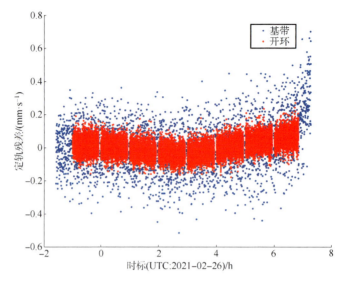

图 5.24　2021 年 2 月 26 日 JM01 的"天问一号"测速定轨残差比对图

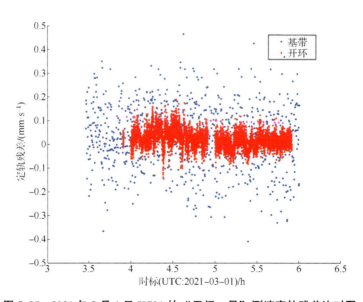

图 5.25　2021 年 3 月 1 日 KS01 的"天问一号"测速定轨残差比对图

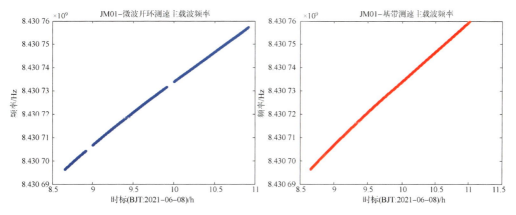

图 5.40 JM01 的"天问一号"开环测速与基带测速主载波频率（上午）

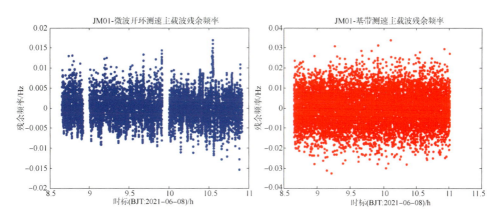

图 5.41 JM01 的"天问一号"开环测速与基带测速主载波残余频率（上午）

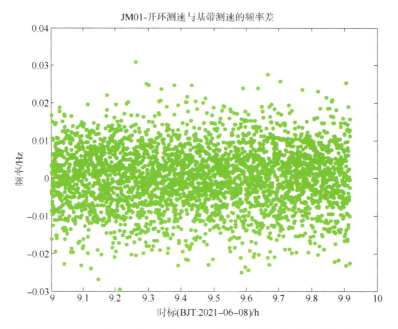

图 5.42　JM01 的"天问一号"开环测速与基带测速主载波频率之差

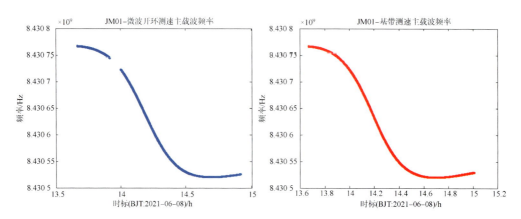

图 5.43　JM01 的"天问一号"开环测速与基带测速主载波频率（下午）

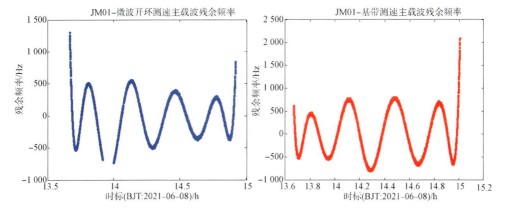

图 5.44 JM01 的"天问一号"开环测速与基带测速主载波残余频率(下午)

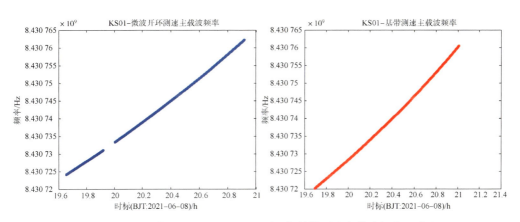

图 5.45 KS01 的"天问一号"开环测速与基带测速主载波频率(晚上)

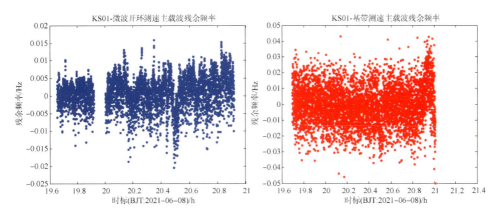

图 5.46 KS01 的"天问一号"开环测速与基带测速主载波残余频率(晚上)

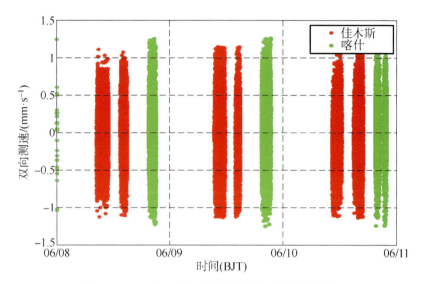

图 5.48 "天问一号"基带测速独立定轨残差结果

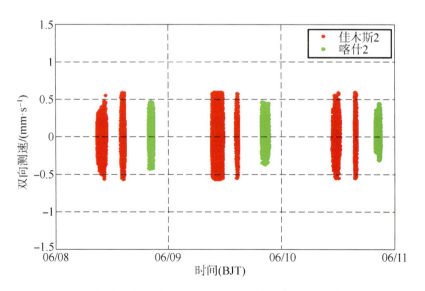

图 5.49 "天问一号"开环测速独立定轨残差结果

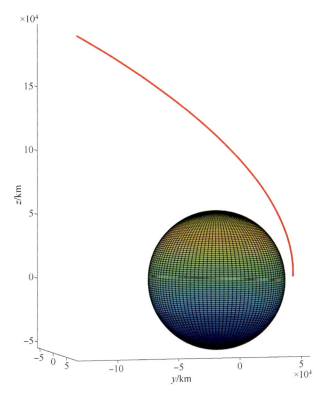

图 7.2 Cassini 坠入土星过程的飞行轨迹示意图

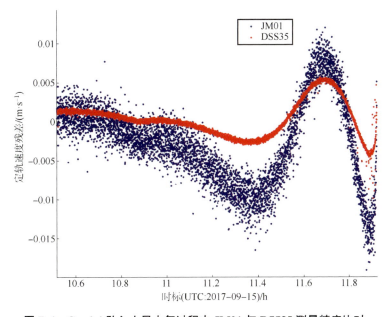

图 7.4 Cassini 坠入土星大气过程中 JM01 与 DSS35 测量精度比对

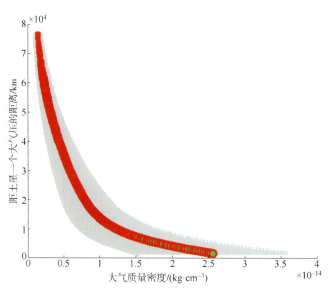

图 7.5 土星中性大气质量密度反演结果

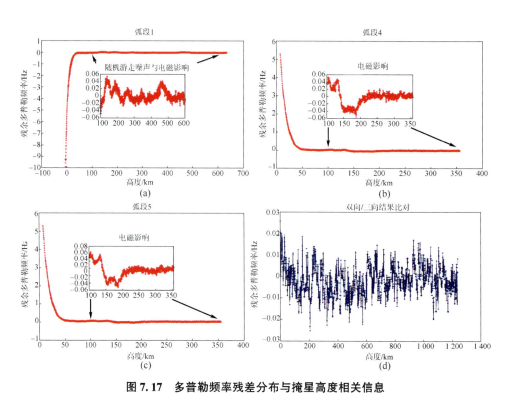

图 7.17 多普勒频率残差分布与掩星高度相关信息

(a) 弧段1（入掩）单向观测；(b) 弧段4（出掩）双向观测；
(c) 弧段5（出掩）三向观测；(d) 弧段4和弧段5多普勒残差差分结果

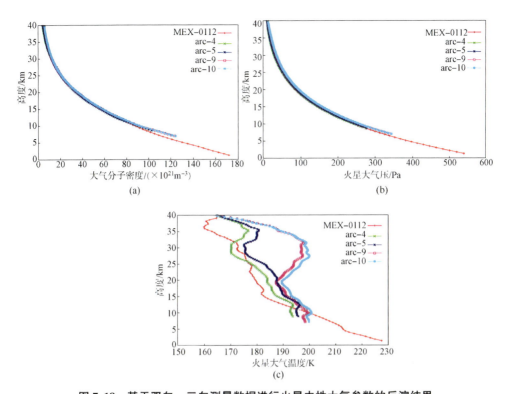

图 7.18 基于双向、三向测量数据进行火星中性大气参数的反演结果

（a）MEX-0112 和弧段 4、5、9、10 的大气分子密度剖面；（b）MEX-0112 和弧段 4、5、9、10 的大气压力剖面；（c）MEX-0112 和弧段 4、5、9、10 的大气温度剖面

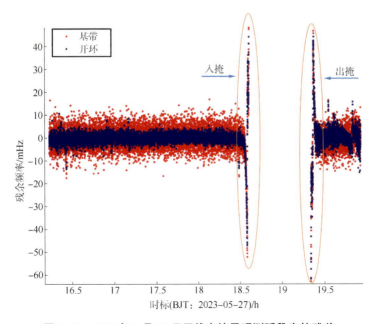

图 7.20 2023 年 5 月 27 日无线电掩星观测弧段定轨残差

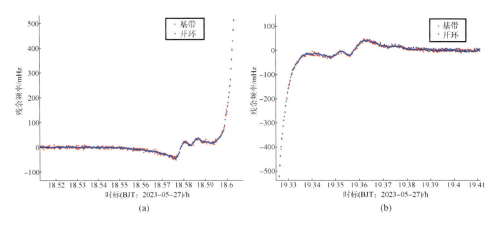

图 7.21　2023 年 5 月 27 日无线电掩星发生时段的定轨残差
（a）入掩过程；（b）出掩过程

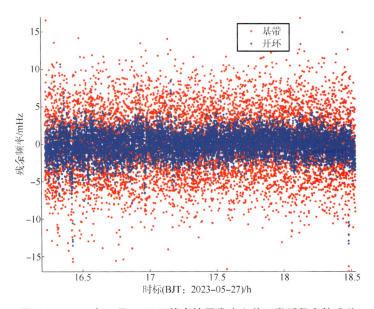

图 7.22　2023 年 5 月 27 日无线电掩星发生之前正常弧段定轨残差